石油和化学工业HSE丛书

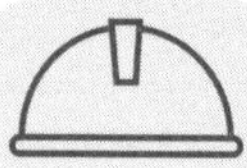

华安HSE问答

第六册

消防应急

李　威◎主编

王东梅　张洪涛　王宏波◎副主编

HEALTH SAFETY
ENVIRONMENT

化学工业出版社

·北京·

内容简介

“石油和化学工业HSE丛书”由中国石油和化学工业联合会安全生产办公室组织编写，是一套为石油化工行业从业者倾力打造的专业知识宝典，分为华安HSE问答综合安全、工艺安全、设备安全、电仪安全、储运安全、消防应急6个分册，共约1000个热点、难点问题。本消防应急分册设12章，甄选119个热点问题，包含火灾危险性分类、耐火等级和防火间距、消防给水及消防栓、消防水泵（柴油泵）、消防泡沫灭火系统、消防自动报警和自动灭火系统、灭火器、消防管理、应急预案、应急演练、应急队伍与物资、应急处置等内容，为提升石油化工行业消防应急管理和处置水平提供全方位解决方案。

无论是石油化工一线生产和管理人员、设计人员，还是政府及化工园区监管人员，都能从这套丛书中获取有价值的专业知识与科学指导，以此赋能安全管理升级，护航行业行稳致远。

图书在版编目（CIP）数据

华安HSE问答. 第六册，消防应急 / 李威主编 ; 王东梅，张洪涛，王宏波副主编. --北京 : 化学工业出版社，2025. 5（2025. 7 重印）. --（石油和化学工业HSE丛书）. -- ISBN 978-7-122-47774-3

Ⅰ. TE687-44

中国国家版本馆CIP数据核字第2025KS8115号

责任编辑：张　艳　宋湘玲　　　　装帧设计：王晓宇
责任校对：宋　玮

出版发行：化学工业出版社
（北京市东城区青年湖南街13号　邮政编码100011）
印　　装：北京云浩印刷有限责任公司
710mm×1000mm　1/16　印张11¾　字数138千字
2025年7月北京第1版第2次印刷

购书咨询：010-64518888　　　　售后服务：010-64518899
网　　址：http://www.cip.com.cn
凡购买本书，如有缺损质量问题，本社销售中心负责调换。

定　　价：98.00元

“石油和化学工业 HSE 丛书”编委会

本分册编写人员名单

主　编：李　威

副主编：王东梅　张洪涛　王宏波

编写人员（按姓名汉语拼音排序）：

鲍文志　曹湘东　陈新丽　程光能　董文欣　窦培举
杜建豹　方　雷　房立军　韩　光　韩　望　何　鹏
黄挺秀　纪小春　蒋迎春　居晶鑫　李德英　李国庆
李　威　刘建玉　刘寿宇　刘万兴　刘喜明　刘延文
刘正伟　龙海平　卢　剑　栾继河　罗东明　罗建明
孟垂华　孟建新　苗　慧　聂仁宾　聂团结　齐学振
钱祖龙　覃　然　尚腾飞　申　玮　沈庆阳　宋　琳
田召敏　王爱国　王东梅　王宏波　王建民　王敏强
王太斌　王晓蒙　王振欧　温新兵　吴　凡　肖栋梁
肖　露　许德文　许璐璐　杨　柳　阴冰洁　岳海兵
张长富　张春雷　张海芳　张洪涛　张计重　张立秋
张学义　赵云峰　周芹刚

序 FOREWORD

在全面建设社会主义现代化国家的新征程上，习近平总书记始终将安全生产作为民生之本、发展之基、治国之要。党的二十大报告明确指出“统筹发展和安全”，为新时代石油化工行业安全生产工作指明了根本方向。

当前我国石化行业正处于转型升级的关键期，面对世界百年未有之大变局，安全生产工作肩负着新的历史使命。一方面，行业规模持续扩大、技术迭代加速带来新风险挑战；另一方面，人民群众对安全发展的期盼更加强烈，党中央对安全生产的监管要求更加严格。这要求我们必须以习近平新时代中国特色社会主义思想为指导，深入贯彻落实党的二十大精神，把党的领导贯穿安全生产全过程，以党建引领筑牢行业安全发展根基。

中国石油和化学工业联合会作为行业的引领者，始终以高度的使命感和责任感，将“推动行业 HSE 自律”作为首要任务，积极引导行业践行责任关怀。我们深刻认识到，提升行业整体安全管理水平，不仅是我们义不容辞的重要职责，更是我们对社会、对广大从业者所应尽的庄严责任。

多年来，我们在行业自律与公益服务方面持续发力，积极搭建交流平台，组织各类公益培训与研讨会，凝聚行业力量，共同应对安全挑战。我们致力于传播先进的安全理念和管理经验，推动企业间的互帮互助与共同进步。同时，我们积极组织制定行业标准规范，引导企业自觉遵守安全法规，提升自律意识。

为了更好地服务行业，我们组织专家团队，历时五年精心打造了“石油和化学工业 HSE 丛书”。该丛书涵盖 6 个专业分册，覆盖石油化工各领域热点难点和共性问题，通过系统、全面且深入的解答，为行业提供了极具价值的参考。

这套丛书是中国石油和化学工业联合会在引导行业安全发展方面的重要里程碑式成果，也是众多专家多年智慧与心血的璀璨结晶。它不仅能够切实帮助从业者提升专业素养，增强应对安全问题的能力，也必将有力推动行业整体安全管理水平实现质的飞跃。

新时代赋予新使命，新征程呼唤新担当。希望全行业以丛书出版为契机，充分发掘和利用这套丛书的价值，深入学习贯彻习近平总书记关于安全生产的重要指示精神，坚持用党的创新理论武装头脑，把党的领导落实到安全生产各环节。让我们以“时时放心不下”的责任感守牢安全底线，以“永远在路上”的坚韧执着提升安全管理水平，共同谱写石化行业安全发展新篇章，为建设世界一流石化产业体系、保障国家能源安全作出新的更大贡献！

中国石油和化学工业联合会党委书记、会长

李寿鹏

2025 年 5 月 4 日

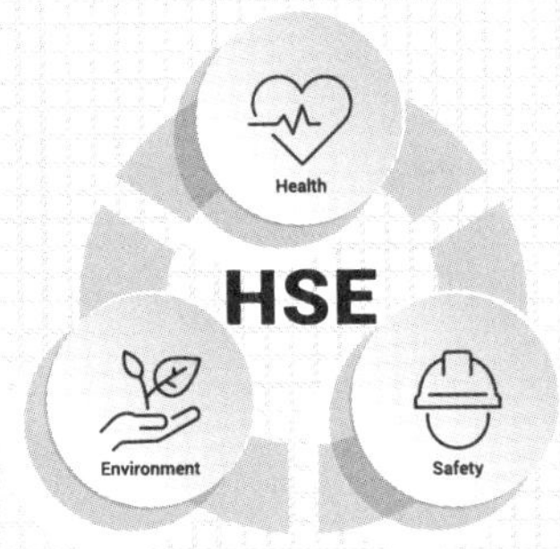

前言 PREFACE

在石油和化学工业的发展进程中，安全生产始终是悬于头顶的达摩克利斯之剑，关乎着行业的兴衰成败，更与无数从业者的生命福祉紧密相连。

近年来，随着社会对安全问题的关注度达到空前高度，安全监管力度也在持续强化。在这一背景下，化工作为高危行业，承受着巨大的安全管理压力。各类安全检查密集开展，安全标准如潮水般不断涌现，行业企业应接不暇，更面临诸多困惑与挑战。尤其是在安全检查的实际执行过程中，专家队伍专业能力参差不齐，对安全标准理解和执行存在差异，导致检查效果大打折扣，引发了一系列争议，也在一定程度上影响了正常的生产经营活动。

中国石油和化学工业联合会安全生产办公室肩负着推动行业安全生产进步的重要使命，始终密切关注行业企业的诉求。自 2020 年起，我们积极搭建交流平台，依托 HSE 专家库组建了“华安 HSE 智库”微信群，汇聚了来自行业内的 7000 余位专家精英。大家围绕 HSE 领域的热点、难点及共性问题，定期开展线上研讨交流，在思维的碰撞与交融中，不断探寻解决问题的有效途径。

专家们将研讨成果精心梳理、提炼，以“华安 HSE 问答”的形式在中国石油和化学工业联合会安全生产办公室微信公众号上发布，至今已推出 230 多期。这些问答以其深刻的技术内涵和强大的实用性，受到了行业内的广泛赞誉，为从业者提供了宝贵的参考和指引。然而，随着时间的推移和行业的快速发展，这些问答逐渐暴露出内容较为分散，缺乏系统性的知识架构，检索和学习不便以及部分法规标准滞后等问题。

为紧密契合石油和化学工业蓬勃发展的需求，我们精心组建了一支阵容强大、经验丰富的专家团队。经过长达五年的精雕细琢，正式推出“石油和化学工业 HSE 丛书”。这套丛书共分为 6 个分册，涵盖了综合安全、工艺安全、设备安全、电仪安全、储运安全以及消防应急的各个专业安全层面，是行业内众多资深专家潜心研究的智慧结晶，不仅反映了当今石油化工安全领域的最新理论成果与良好实践，更填补了国内石化安全系统化知识库的空白，开创了“问题导向—实战解析—标准迭代”的新型知识生产模式。丛书采用问答形式，内容简明扼要、依据充分，实用性强、查阅便捷。既可作为企业主要负责人、安全管理人员的案头工具书，也可为现场操作人员提供“即查即用”的操作指南，对当前石油化工安全管理实践具有重要指导意义。

本消防应急分册作为丛书中的重要组成部分，精心梳理 119 个行业热点问题，全面探讨消防安全和应急救援，通过深入浅出的问答解析，为提升石油化工行业安全管理水平提供全方位解决方案。

本丛书亮点突出，特色鲜明：一是严格遵循“三管三必须”原则，深度聚焦安全专业建设与专业安全管理，以系统性的阐述推动全员安全生产责任制的全面落实。从石油化工领域的基础原理到复杂工艺，从常规设备到特殊装置，内容全面且系统，几乎涵盖了石油化工各专业可能面临的安全问题，为安全生产提供全方位的技术支撑。二是具备极强的实用性。紧密贴合石油化工行业实际工作需求，精准直击日常工作中的痛点与难点，以通俗易懂的语言答疑解惑，让从业者能够轻松理解并运用到实际操作中，切实提升安全管理与操作执行水平。三是充分反映行业最新监管要求、标准规范以及实践经验，为读者提供最前沿、最可靠的安全知识。

我们坚信，“石油和化学工业 HSE 丛书”的出版，将为石油化工行业的安全生产管理注入新的活力，助力大家提升专业素养和实践能力。同时，由于编者学识所限，书中难免存在疏漏与不当之处，我们真诚地希望行业内的专家和广大读者能够对本书提出宝贵的意见和建议，以便我们不断完善和改进。

最后，向所有参与本丛书编写、审核和出版工作的人员表示衷心的感谢。正是因为他们的辛勤付出和无私奉献，这套丛书才得以顺利与大家见面。我们期待着本丛书能够成为广大石油化工领域从业者的良师益友，在行业安全发展的道路上发挥重要的灯塔引领作用，为推动石油和化学工业的安全、可持续发展贡献力量。

编写组

2025 年 3 月

免责声明

本书系中国石油和化学工业联合会HSE智库专家日常研讨成果的总结。书中所有问题的解答仅代表专家个人观点，与任何监管部门立场无关。

书中所引用的标准条款，是基于专家的日常工作经验及对标准的理解整理而成，旨在为使用者日常工作提供参考。鉴于实际工作场景的多样性与复杂性，使用者应依据具体情况，审慎选择适用条款。

需特别注意的是，相关标准与政策处于持续更新变化之中，使用者务必选用最新版本的法规标准，以确保工作的合规性与准确性。

本书最终解释权归中国石油和化学工业联合会安全生产办公室所有。中国石油和化学工业联合会对任何机构或个人因引用本书内容而产生的一切责任与风险，均不承担任何法律责任。

目录 CONTENTS

HEALTH SAFETY
ENVIRONMENT

第一章

火灾危险性分类

明确不同物质与场所火灾危险性分类标准，精准评估火灾风险程度。

——华安

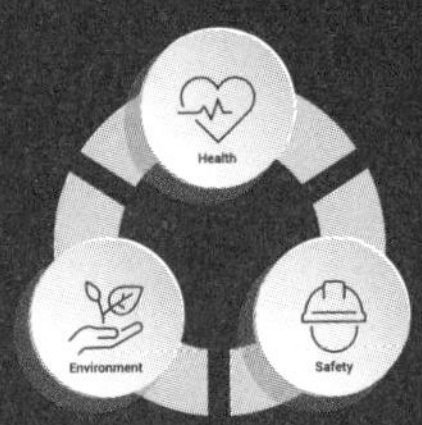

问 1 使用甲类溶剂车间在消防设计中是按严重危险级Ⅱ级还是Ⅰ级划分？如果是Ⅱ级，需设计雨淋系统吗？

答： 1. 火灾危险等级划分

火灾危险等级确定一般涉及自动喷水灭火系统相关的场所。火灾危险等级严重危险级主要依据如下标准进行划分。

参考 《自动喷水灭火系统设计规范》（GB 50084—2017）

附录A 设置场所火灾危险等级分类

严重危险级Ⅰ级：印刷厂，酒精制品、可燃液体制品等工厂的备料与车间等；

严重危险级Ⅱ级：易燃液体喷雾操作区域、固体易燃物品、可燃的气溶胶制品、清洗溶剂、喷涂油漆、沥青制品等工厂的备料及生产车间等。

根据上述规定，应分情况考虑，当使用甲类溶剂作为溶剂喷雾、清洗溶剂时，应按严重危险级Ⅱ级来设计，除此之外，如化工、医药厂房使用溶剂萃取回收、精细化工使用甲类溶剂作为反应溶剂，这类情况应当按照危险等级Ⅰ级里面的可燃液体制品等工厂的备料与车间考虑危险等级。

2. 雨淋系统

雨淋系统是自动喷水系统的一种型式，是否要上雨淋系统，前提应先判定是否应设置自动喷水系统，并不代表只要火灾危险等级为严重危险级Ⅱ级的场所就一定要上自动喷水系统。

《自动喷水灭火系统设计规范》（GB 50084—2017）只是在确定了要设置自动喷水系统后，根据该规范的4.2系统选型，判定不同的火灾危险等级的场所，设置不同型式的自动喷水系统，比如4.2.6条中“火灾危险等级为严重危险级Ⅱ级的场所应采用雨淋系统”。GB 50084—2017不是判定是否应设置自动喷水系统的依据。

判定是否应设置自动喷水系统，应根据《建筑设计防火规范》（GB

50016—2014，2018 年版）的 8.3.1～8.3.7 条给出什么情况下应设置自动喷水灭火系统。

除 8.3.1～8.3.6 条没有明确要求“甲类溶剂的车间”设置自动喷水系统外，8.3.7 条规定下列建筑或部位应设置雨淋自动喷水灭火系统：

1　火柴厂的氯酸钾压碾厂房，建筑面积大于 100m² 且生产或使用硝化棉、喷漆棉、火胶棉、赛璐珞胶片、硝化纤维的厂房；

2　乒乓球厂的轧坯、切片、磨球、分球检验部位；

3　建筑面积大于 60m² 或储存量大于 2t 的硝化棉、喷漆棉、火胶棉、赛璐珞胶片、硝化纤维的仓库；

4　日装瓶数量大于 3000 瓶的液化石油气储配站的灌瓶间、实瓶库；

5　特等、甲等剧场，超过 1500 个座位的其他等级剧场和超过 2000 个座位的会堂或礼堂的舞台葡萄架下部；

6　建筑面积不小于 400m² 的演播室，建筑面积不小于 500m² 的电影摄影棚。

8.3.7 条也未要求“甲类溶剂的车间”设置雨淋系统。因此，“甲类溶剂的车间”并没有规范要求必须上自动喷水系统。当然，除规范另有规定和不宜用水保护的场所外，自喷系统是一种灭火设施，高于规范的要求设置也不是不可以。

如果设置自动喷水系统，建议按照《自动喷水灭火系统设计规范》（GB 50084—2017）4.2.6 条的第三款“火灾危险等级为严重危险级Ⅱ级的场所应采用雨淋系统”设置雨淋系统。

小结：使用甲类溶剂的车间在消防设计中的严重危险级主要取决于是否作为溶剂喷雾、清洗溶剂，如果是Ⅱ级，设置了自动喷水系统，则需设计为雨淋系统以提高其火灾防控能力（存放、使用忌水物质的场所除外）。

问 2 浓度（质量分数）为 10% 的次氯酸钠水溶液的火灾危险类别是乙类吗？

答： 不是乙类。

参考 1 《石油化工企业设计防火标准》（GB 50160—2008，2018 年版）

第三章 火灾危险性分类表

3.0.2 液化烃、可燃液体的火灾危险性分类，10% 的次氯酸钠水溶液闪点无意义，故不属于乙类液体。

参考 2 中国石油和化工勘察设计协会团体标准《烧碱装置安全设计标准》（T/HGJ 10600—2019）

3.3.1 烧碱装置生产的火灾危险性类别中，将涉及次氯酸钠溶液的一次盐水工序定为戊类。

扩展： 物资的火灾危险性分类一般依据《建筑设计防火规范》（GB 50016—2014，2018 年版）、《石油化工企业设计防火标准》（GB 50160—2008，2018 年版）以及《精细化工企业工程设计防火标准》（GB 51283—2020）等规范。其次，次氯酸钠分为固体和液体，注意区分其存在形式，固体次氯酸钠为不属于甲类的氧化剂，火灾危险性定义为乙类。

小结： 浓度为 10% 的次氯酸钠水溶液的火灾危险性分类按照戊类考虑。

问 3 三氯化磷罐区的火灾危险类别是甲类吗？

答： 不是。

参考 《精细化工企业工程设计防火标准》（GB 51283—2020）

3.0.1　条文说明“表 8 液化烃、可燃液体火灾危险性分级举例（储存物品）”明确：三氯化磷火灾危险性为丙$_A$类。

小结： 精细化工企业三氯化磷罐区按丙$_A$类可燃液体罐区设计和管理。

问 4　浓度（质量分数）为 98% 的浓硫酸的火灾危险类别应该怎么考虑?

答： 视情况而定，不同行业和场所使用浓度为 98% 的浓硫酸的火灾危险性不同。

浓度为 98% 的浓硫酸物质本身不具有燃爆危险性和氧化性，与现行《建筑设计防火规范》（GB 50016—2014，2018 年版）甲、乙、丙、丁类火灾危险性判定原则均不一致，一般认为其火灾危险性类别为戊类。但由于浓硫酸具有强吸水性、腐蚀性等，在特定场所具有引发火灾的风险，部分行业工程标准提高了涉及浓硫酸场所的火灾危险性设计，如《有色金属工程设计防火规范》（GB 50630—2010）、《冶炼烟气制酸工艺设计规范》（GB 50880—2013）等。

参考 1 《建筑设计防火规范》（GB 50016—2014，2018 年版）

3　厂房和仓库，表 3.1 火灾危险性分类，98% 的浓硫酸不属于表格内的物资。

参考 2 《石油化工企业设计防火标准》（GB 50160—2008，2018 年版）

第三章　火灾危险性分类

表 3.0.2　液化烃、可燃液体的火灾危险性分类，98% 的浓硫酸闪点无意义。

参考3 《酸碱罐设计规范》(征求意见稿)石化联合会团体标准

该标准将硫酸以及发烟硫酸的火灾危险性定为戊类。

参考4 《有色金属工程设计防火规范》(GB 50630—2010)

3.0.1 条文说明 通过理论和实践分析可以认定：在有色金属工业生产、使用硫酸的车间（场所）中，工艺装置、设备、管线必须符合国家现行行业的有关要求。其厂房、构筑物各类设施，应符合现行国家标准《工业建筑防腐蚀设计标准》（GB 50046）的规定。当具备了相应的防腐蚀标准（含有效防护面层、合理构造、避免泄漏、贮罐设围堰等）时，就基本失去其燃烧（爆炸）的客观条件，故上述举例表中将硫酸生产、使用和存储厂房（场所）的生产火灾危险性类别划为丙类。

参考5 《冶炼烟气制酸工艺设计规范》(GB 50880—2013)

7.4.6 条文说明 现行国家标准《有色金属工程设计防火规范》（GB 50630—2010）规定发烟硫酸的火灾危险性类别为乙类，但工业浓硫酸的火灾危险性类别均为丙$_{B}$类。因此储罐区内酸罐总数量、酸罐排数、酸罐之间以及酸罐与围堰之间的距离、围堰高度等要求应按照现行国家标准《建筑设计防火规范》（GB 50016—2014，2018 版）、《石油化工企业设计防火标准》（GB 50160—2008，2018 年版）的规定执行。

小结： 不同行业和场所使用浓度为 98% 的浓硫酸的火灾危险性规定有所不同，工贸和化工行业，一般按戊类；冶炼烟气制酸场所，发烟硫酸的火灾危险性为乙类；其它行业，如有色金属冶炼等企业的生产、储存和使用等场所，火灾危险性为丙$_{B}$类。

问 5 活性炭的火灾危险性类别是什么？

答： 视情况而定。

参考《建筑设计防火规范》（GB 50016—2014，2018 版）

3.1.1　条文说明（生产的火灾危险性举例）：生产的火灾危险性应根据生产中使用或产生的物质性质及其数量等因素划分，可分为甲、乙、丙、丁、戊类，并应符合表 3.1.1 的规定。活性炭制造及再生厂房火灾危险性为乙类。

3.1.3　储存物品的火灾危险性应根据储存物品的性质和储存物品中的可燃物数量等因素划分，可分为甲、乙、丙、丁、戊类，并应符合表 3.1.3 的规定。活性炭本身为可燃固体，火灾危险性为丙类。

小结：活性炭的生产和制造以及再生厂房火灾危险性为乙类；活性炭的储存、使用场所，其火灾危险性为丙类。

问 6　锌粉的火灾危险类别是什么？

答：锌粉的生产火灾危险性为乙类。

锌粉的危险特性：具有强还原性。与水、酸类或碱金属氢氧化物接触能放出易燃的氢气。与氧化剂、硫黄反应会引起燃烧或爆炸。粉末与空气能形成爆炸性混合物，易被明火点燃引起爆炸，潮湿粉尘在空气中易自行发热燃烧。

参考《建筑设计防火规范》（GB 50016—2014，2018 版）

第 3.1.1 条文说明中，针对乙类第 6 项（能与空气形成爆炸性混合物的浮游状态的粉尘、纤维、闪点不小于 60℃的液体雾滴）的说明中提到“铝、锌等有些金属在块状时并不燃烧，但在粉尘状态时则能够爆炸燃烧”。

第 3.1.1 条的条文说明中续表 1 举例，锌粉的生产厂房火灾危险性为乙类。

小结： 依据《建筑设计防火规范》(GB 50016—2014，2018 版)，锌粉的生产火灾危险性为乙类。

问 7 储存丙$_B$类（MDI）物质的冷媒为氨的冷库的火灾危险性类别是乙类还是丙类？

具体问题： 一冷库是采用氨制冷的，存储的 MDI（二苯基甲烷二异氰酸酯）是丙$_B$类的，闪点 200℃以上。氨制冷站按照乙类厂房单独设置，与冷库保持十米以上间距。但设计院提出，氨制冷管线是通过冷库的，氨是乙类，所以冷库的火灾危险类别应该定义为乙类，而不是丙类。请问该情况的火灾危险类别如何确定，是按照制冷媒介确定还是储存物质?

答： 此问题一直有争议，视情况而定。

如果选用液氨作为制冷剂，冷库的冰机区域、氨压缩机房应按照液氨乙类设计，其他区域参照冷库存放介质考虑，如《建筑设计防火规范》(GB 50016—2014，2018 年版) 3.1.3 条文说明中储存物品的火灾危险性分类举例，冷库中的鱼、肉间火灾危险性类别为丙类。

考虑到液氨的特殊性，历史上也发生多起比较惨痛的液氨冷库事故，所以遇到液氨为冷媒的冷库大家都比较小心谨慎，一切从严，也就有了问题中的争议。

多数专家认为应按照乙类设计。冷库是采用人工制冷降温并具有保冷功能的仓储建筑，包括库房、制冷机房、变配电间等，建筑的不同部分火灾类别不同，应依据《冷库设计标准》(GB 50072—2021) 具体要求进行设计。同时依据《建筑设计防火规范》(GB 50016—2014，2018 年版) 3.1.4 同一座仓库或仓库的任一防火分区内储存不同火灾危险性物品时，仓库或防火分区的火灾危险性应按火灾危险性最大的物品确定。冷库采用氨制冷，管线通过冷库，可视为存在乙类火灾风险物品，因此应该按乙类设计。

小结： 选择液氨作为冷媒主要考虑到成本较低，但风险大，争议多。氨气是有毒气体，冷库发生的事故教训惨痛，因此火灾危险性划分为乙类有一定的道理，这也是目前多设计为乙类的考虑。此外，在经济条件允许的情况下，建议选择新型安全环保型制冷剂，如 R404A、R507A 等，不仅具有较好的制冷性能，同时安全环保，也避免了冷库火灾危险性类别判定的争议。

问 8 燃气锅炉房的火灾危险性类别是什么？

答： 丁类。

参考 《建筑设计防火规范》（GB 50016—2014，2018 年版）3.1.1 条文说明（表 1 生产的火灾危险性分类举例中锅炉房属于丁类火灾危险性）。

小结： 燃气锅炉房的火灾危险性是丁类。

问 9 利用秸秆、剩饭等发酵生产肥料的厂房的火灾危险类别是甲类吗？

答： 理论分析，发酵过程会产生易燃易爆气体，划分为甲类有一定道理，但划分为甲类确有过高之嫌。搜寻了一些资料和信息，未找到直接相关的内容，有些辅助性的信息可供分析：

（1）秸秆、剩饭、禽畜粪便发酵生产的为生物有机肥料，属于农业行业范畴（不属于化工行业），没有与生产相关的国家标准，只有少量的团体标准、地方标准，似乎都未提及厂房、库房的火灾危险性。

（2）相关的项目案例，都是更关注环保问题，比如发酵中产生的氨气、硫化氢等导致的恶臭问题，普遍采取加强通风与除臭措施，相关的厂房仓库仅提到了“封闭式钢结构”“彩钢瓦结构、四周封闭、具备三防要求”，未提及甲类或乙类要求。

小结：综合上述信息，按照GB 50016 3.1.2中“当生产过程中使用或产生易燃、可燃物的量较少，不足以构成爆炸或火灾危险时，可按实际情况确定；当符合下述条件之一时，可按火灾危险性较小的部分确定”，建议结合实际情况，秸秆、剩饭这些发酵生产肥料的厂房火灾危险类别可划分为低一些的类别。

问10 天然气液化工厂事故水池的火灾危险类别是什么？

答：火灾类别按丙类设计，事故状态下应按照甲类运行管理。

参考《化工建设项目环境保护工程设计标准》（GB/T 50483—2019）

6.6.3 事故废水中含有甲类、乙类、丙类物质时，火灾类别按丙类设计，事故状态下应按照甲类运行管理。

小结：天然气液化工厂的事故水池，火灾危险性按丙类设计，事故状态下按甲类管理。

第二章
耐火等级和防火间距

严格参照设计规范，科学规划防火间距，构建建筑防火安全底线。

——华安

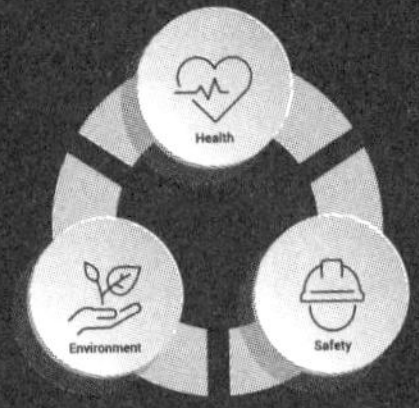

问 11 仓库二层做员工宿舍可以吗?

答: 不可以。住宿与生产、储存、经营合用场所（俗称“三合一”建筑）在我国造成过多起火灾，教训深刻，GB 50016 等明确规定禁止将员工宿舍设置在仓库内。

参考 1 《建筑设计防火规范》(GB 50016—2014，2018 年版)

3.3.9 员工宿舍严禁设置在仓库内。

办公室、休息室等严禁设置在甲、乙类仓库内，也不应贴邻。

办公室、休息室设置在丙、丁类仓库内时，应采用耐火极限不低于 2.50h 的防火隔墙和 1.00h 的楼板与其他部位分隔，并应设置独立的安全出口。隔墙上需开设相互连通的门时，应采用乙级防火门。

参考 2 《建筑防火通用规范》(GB 55037—2022)

4.2.7 规定：仓库内不应设置员工宿舍及与库房运行、管理无直接关系的其他用房。

小结: 员工宿舍严禁设置在仓库内。

问 12 现场机柜间的耐火等级也要是一级吗?

答: 应根据机柜间设置情况来确定耐火等级。

现场机柜间与控制室合建在同一栋建筑内时，建筑物耐火等级应为一级；现场机柜间单独设置时，需要抗爆设计的，按抗爆设计要求执行；不需要抗爆设计的，不应低于二级。

参考 1 《石油化工控制室设计规范》(SH/T 3006—2024)

4.4.4 控制室建筑物耐火等级不应低于二级。

参考 2 《建筑设计防火规范》(GB 50016—2014，2018 版)

3.2.4　使用或储存特殊贵重的机器、仪表、仪器等设备或物品的建筑，其耐火等级不应低于二级。

小结： 现场机柜间作为重要的辅助生产设施，耐火等级不应低于二级。

问 13 对保温材料防火性能有什么要求？建筑外墙保温用泡沫板合规吗？

答： 视情况而定。如果泡沫板未经处理，其燃烧性能为 B_3 级时，不准使用；如果经过改性处理达到 B_2 级，并且在采取防止火灾通过保温系统在建筑的立面或屋面蔓延的措施或构造措施后，可以采用。

参考 1 《建筑设计防火规范》（GB 50016—2014，2018 年版）

6.7.1　建筑的内、外保温系统，宜采用燃烧性能为 A 级的保温材料，不宜采用 B_2 级保温材料，严禁采用 B_3 级保温材料；设置保温系统的基层墙体或屋面板的耐火极限应符合本规范的有关规定。

参考 2 《建筑防火通用规范》（GB 55037—2022）

6.6.1　建筑的外保温系统不应采用燃烧性能低于 B_2 级的保温材料或制品。当采用 B_1 级或 B_2 级燃烧性能的保温材料或制品时，应采取防止火灾通过保温系统在建筑的立面或屋面蔓延的措施或构造。

6.6.2　建筑的外围护结构采用保温材料与两侧不燃性结构构成无空腔复合保温结构体时，该复合保温结构体的耐火极限不应低于所在外围护结构的耐火性能要求。当保温材料的燃烧性能为 B_1 级或 B_2 级时，保温材料两侧不燃性结构的厚度均不应小于 50mm。

延伸阅读： 问题所述泡沫板应为苯板，此物未经处理的燃烧性能为 B_3 级，不准使用，经过改性的可以达到 B_2 级，具体保温材料级别和建筑的使用性质、用途、高度和保温的类型有关系，具体情况具体分析。建议结合《建筑设计防火规范》(GB 50016—2014，2018 年版）第 6.7 节和《建筑防火通用规范》(GB 55037—2022）第 6.6 节。

小结：《建筑设计防火规范》和《建筑防火通用规范》对保温材料使用防火和燃烧性能均有规定，保温材料燃烧性能低于 B_2 级才可选用。

问 14 泡沫彩钢夹芯板是否可以作为工业建筑构件使用?

答： 泡沫彩钢夹芯板禁止作为建筑构件使用。

参考 1 《建筑设计防火规范》(GB 50016—2014，2018 版)

3.2.17 建筑中的非承重外墙、房间隔墙和屋面板，当确需采用金属夹芯板材时，其芯材应为不燃材料，且耐火极限应符合本规范有关规定。

参考 2 《重大火灾隐患判定方法》(GB 35181—2017)

6.10 人员密集场所的居住场所采用彩钢夹芯板搭建，且彩钢夹芯板芯材的燃烧性能等级低于 GB 8624 规定的 A 级。

参考 3 结合《国务院安委会办公室关于河南平顶山“5.25”特别重大火灾事故情况的通报》(安委办明电〔2015〕13 号)

第四条 严格消防执法，严禁违规使用聚苯乙烯、聚氨酯泡沫塑料等材料。各地区、各有关部门和单位要认真贯彻落实《中华人民共和国安全生产法》和《中华人民共和国消防法》，强化消防安全监管执法，针对聚苯乙烯、聚氨酯泡沫塑料极易燃烧且会产生有毒气体的特性，集中开展公众聚集场所使用聚苯乙烯、聚氨酯泡沫塑料作为装修装饰和保温材料的专项整治。对未经消防验收、违规使用易燃可燃材料彩钢板搭建建筑、违规使用聚苯乙烯或聚氨酯泡沫塑料作墙体保温层的，要一律停业整顿；对违规设置影响消防通道、安全出口障碍物的，要一律强制拆除；对私拉乱接电气线路、不按规定配备消防器材设施的，要一律依法依规从严处罚，并严肃追究单位责任人的责任。

小结： 泡沫彩钢夹芯板禁止作为建筑构件使用。

问 15 输油站储罐区拟建一个专用消防站，其防火间距应该怎么考虑？

具体问题： 输油站储罐区，最大储罐单罐容量为 $1\times10^5m^3$，总储量共 $8\times10^5m^3$。拟建一个专用的消防站，其防火间距应该怎么考虑？

答： 视情况而定。若只考虑防火间距，《石油库设计规范》（GB 50074—2014）、《石油化工企业设计防火标准》（GB 50160—2008，2018 版）、《石油储备库设计规范》（GB 50737—2011）、《石油天然气工程设计防火规范》（GB 50183—2004）等标准做出了明确的规定。但是，设计企业专用消防站和罐区的距离需要对事故后果风险和扑救便利度进行综合考虑，不仅仅是考虑防火间距的要求。

专用消防站选址应考虑事故扑救的及时性，一般要求以接到火灾报警后 5min 内行车到达责任区边缘或最大行车距离不超过 2.5km 为原则确定企业消防站的保护范围，所以距离不宜太远；但需考虑包括火灾、中毒、爆炸冲击波等多方面因素的综合影响。

参考 1 《石油库设计规范》（GB 50074—2014）

5.1.3 规定了消防车库和消防泵房距离储罐的间距：最大值为不小于 40m。

参考 2 《石油化工企业设计防火标准》（GB 50160—2008，2018 版）

4.1.11 规定了石油化工园区的公用设施、铁路走行线的防火间距不应小于表4.1.11的规定，消防站距离可燃液体罐组的间距：最大值不小于80m。

4.2.12 规定了全厂重要设施（消防站为石化企业一类重要设施）距离储罐的防火间距，消防站距离可燃液体罐组的间距：最大值不小于60m。

参考3 《石油储备库设计规范》(GB 50737—2011)

5.1.2 规定了消防站距离储罐的间距：不小于60m；

8.5.1 石油储备库应设置专用消防站，消防站的位置，应能满足接到火灾报警后，消防车到达火场的时间不超过5min的要求。

参考4 《石油天然气工程设计防火规范》(GB 50183—2004)

5.1.2 一、二、三、四级石油天然气站场内总平面布置的防火间距除另有规定外，应不小于表5.2.1的规定，规定了全厂性重要设施（包括消防泵房和消防器材间）距离地上油罐间距：最大值不小于40m。

8.2.1 消防站及消防车的设置应符合下列规定：

1）油气田消防站应根据区域规划设置，并应结合油气站场火灾危险性大小、邻近的消防协作条件和所处地理环境划分责任区。一、二、三级油气站场集中地区应设置等级不低于二级的消防站。

2）油气田三级及以上油气站场内设置固定消防系统时，可不设消防站，如果邻近消防协作力量不能在30min内到达（在人烟稀少、条件困难地区、邻近消防协作力量的到达时间可酌情延长，但不得超过消防冷却水连续供给时间）。

参考5 《国务院安委会办公室 应急管理部 国务院国资委联合印发〈关于进一步加强国有大型危化企业专职消防队伍建设〉的意见》(安委办〔2023〕3号)附件:《危化企业消防站建设标准》。

第三条 企业消防站的保护范围应满足下列规定：

石油化工企业、煤化工企业、石油库和石油储备库、大型 LNG 接收站、LPG 储存企业应以接到火灾报警后 5min 内到达责任区边缘或最大行车距离不超过 2.5km 为原则确定。

石油天然气企业按照行车时间 30min 能够到达油气田主要站场的原则确定。

第六条 企业消防站的选址应符合下列规定:

1 消防站宜设置在危险化学品生产或储存场所、爆炸危险源及高毒泄漏源等危险部位常年主导风向的上风或侧风处，并宜避开窝风地段。

2 消防站宜设置在地势相对较高的场地，或有防止事故状况下可燃液体流向消防站的措施。

3 消防站应设置在责任区适中位置且便于车辆快速出动，靠临和朝向主要道路，后退道路红线不应小于 15m。

4 消防站出入口距办公区、生活区、医院、学校、幼儿园、托儿所、商场、娱乐活动中心等人员密集场所的主要疏散口不应小于 50m。

5 新建、改建、扩建消防站与爆炸危险源及高毒泄漏源等危险部位的距离不宜小于 300m。

参考 6 《城市消防站设计规范》(GB 51054—2014)

3.0.2 消防站与加油站、加气站等易燃易爆危险场所的距离不应小于 50m。

3.0.3 辖区内有生产、贮存危险化学品单位的，消防站应设置在常年主导风向的上风或侧风处，其边界距生产、贮存危险化学品的危险部位不宜小于 200m。

3.0.4 消防站车库门直接临街的应朝向城市道路，且应后退道路红线不小于 15m。

小结：不同标准和文件对专用消防站的选址有各自要求，距离油罐距离应结合具体情况确定。

问 16 消防道路距离建筑不宜小于 5m，若转弯半径太大造成转角处间距不足 5m，怎么办？

答： 转弯半径主要是考虑行车安全，该条款为“宜”，非强制。是否需要改造视现场情况而定。

参考 1 《建筑设计防火规范》（GB 50016—2014，2018 年版）

7.1.8 消防车道应符合下列要求：

1 车道的净宽度和净空高度均不应小于 4.0m；

2 转弯半径应满足消防车转弯的要求；

3 消防车道与建筑之间不应设置妨碍消防车操作的树木、架空管线等障碍物；

4 消防车道靠建筑外墙一侧的边缘距离建筑外墙不宜小于 5m；

5 消防车道的坡度不宜大于 8%。

该条款要求不宜小于 5m，非强制要求。

参考 2 《建筑防火通用规范》（GB 55037—2022）

3.4.5 消防车道或兼作消防车道的道路应符合下列规定：

5 消防车道与建筑外墙的水平距离应满足消防车安全通行的要求，位于建筑消防扑救面一侧兼作消防救援场地的消防车道应满足消防救援作业的要求；

该条款为强制条款，对消防车道与建筑外墙的水平距离做了要求，但没有强制 5m。

小结： 是否整改需看现场实际情况再定。

问 17 消防水泵房（站）与甲类装置的距离要满足 40m 还是 50m？

具体问题： 消防水泵房（站）（一类全厂性重要设施）与甲类装置的距离，

按《石油化工企业设计防火标准》(GB 50160—2008，2018 版)(简称石化规) 表 4.2.12 为 40m，按注 3 为 50m，如何理解?

答： 第一类全厂性重要设施主要指全厂性的办公楼、中央控制室、化验室、消防站、电信站、消防水泵房（站）等。

石化规表 4.2.12 石油化工厂总平面布置的防火间距（m)，备注 3：全厂性消防站、全厂性消防水泵房与甲类工艺装置的防火间距不应小于 50m。与其他设施防火间距按“第一类全厂性重要设施”执行表 4.2.12 规定。石油化工厂内消防站、消防水泵房都为第一类全厂性重要设施，不存在按区域性重要设施折减问题。

小结： 全厂性消防水泵房（站）与甲类工艺装置的防火间距不应小于 50m。

问 18 消防车道和建筑物之间是否可以设置架空管廊?

答： 建筑扑救面一侧不应设置架空管廊。

灭火时，建筑扑救面一侧（长边）消防车需要直接利用站位展开，如果有架空管廊会影响灭火救援。

参考 1 《建筑设计防火规范》(GB 50016—2014，2018 年版) 7.1.8 第 3 款：消防车道与建筑物之间不应设置妨碍消防车操作的树木，架空管线等障碍物。

参考 2 《建筑防火通用规范》(GB 55037—2022)

3.4.5 消防车道或兼作消防车道的道路应符合下列规定：

7 消防车道与建筑消防扑救面之间不应有妨碍消防车操作的障碍物，不应有影响消防车安全作业的架空高压电线。

小结： 消防车道与建筑间要保持足够的距离和净空，避免高大树木、架空高压电力线、架空管廊等影响灭火救援作业。

问 19 如何判断现场墙体的耐火等级？比如要求墙体耐火等级为二级，现场怎样判断呢？

答： 可采用以下方式：

（1）可以参考施工单位的竣工验收资料；

（2）可以根据设计文件，如：墙体材质、墙体厚度等判断墙体耐火极限；

（3）可以参照《建筑设计防火规范》附录列举的墙体材质与耐火时间关系判定；

（4）可以进行现场取样，进行耐火试验；

（5）可以查验相关资料文件，如钢框架结构的合格证、防火涂料的合格证等，进行估算。

问 20 化工装置框架钢结构是否可以采用薄型钢结构防火涂料？

答： 这个问题目前争议较大，经研讨，多数专家不建议使用。

（1）薄型钢结构防火涂料、超薄型钢结构防火涂料及厚型钢结构防火涂料的叫法随着最新《钢结构防火涂料》（GB 14907—2018）标准也有所改变，根据防火机理将防火涂料分为膨胀型钢结构防火涂料（超薄型≤ 3mm、3mm ＜薄型≤ 7mm）和非膨胀型钢结构防火涂料（7mm ＜厚型≤ 45mm）。相关规定如下。

依据《建筑钢结构防火技术规范》（GB 51249—2017）第 4.1.3 条：

1）室内隐蔽构件，宜选用非膨胀型钢结构防火涂料；

2）设计耐火极限大于 1.5h 的构件，不宜选用膨胀型钢结构防火涂料；

3）室外、半室外钢结构采用膨胀型钢结构防火涂料时，应选用符合环境对其性能要求的产品；

4）非膨胀型钢结构防火涂料涂层的厚度不应小于 15mm。

依据《钢结构防火涂料》（GB 14907—2018）第 5.1.1 条:

膨胀型钢结构防火涂料的涂层厚度不应小于 1.5mm，非膨胀型钢结构防火涂料的涂层厚度不小于 15mm。

根据钢结构防火涂料耐火性能分级，防火涂料又分为普通型钢结构防火涂料（采用建筑纤维类火灾升温实验条件）和特种钢结构防火涂料（采用烃类火灾升温实验条件）。

（2）非膨胀型钢结构防火涂料的涂层厚度在 15～45mm 的范围，它的耐火极限可达 0.5～3h。火灾发生时，涂层不会膨胀，它的阻燃性能主要是依靠它的不燃性、吸热性和低导热性来延缓钢材的升温。这种防火涂料具有水溶性防火涂料的一些优点。而膨胀型钢结构防火涂料的涂层厚度为 3～7mm，耐火极限一般不超过 2h（目前也有企业耐火极限能够达到 3h），当其受火时能膨胀发泡，膨胀发泡形成的隔热层能延缓钢材的升温，从而保护钢材料。非膨胀型钢结构防火涂料一般是用溶剂再加上阻燃剂、添加剂等组成，耐久性和防水性能较好，一般分为底层（隔热层）和面层（装饰层），较膨胀型钢结构防火涂料装饰性好。施工的时候采用喷涂方式。

（3）根据《建筑设计防火规范》（GB 50016—2014，2018 版）附录各类建筑构件的燃烧性能和耐火极限，规范对于有保护层的钢柱，薄型防火涂料的最高耐火极限为 1.5h，厚型防火涂料的最高耐火极限可达 3h，这也是 GB 50016 与 GB 14907 和 GB 51249 有矛盾冲突的地方，从另一个角度来看，GB 50016 与专业性规范（GB 14907 和 GB 51249）相比，还是有一定的滞后性。

小结：化工企业一般来说要慎用薄型钢结构防火涂料（即膨胀型钢结构防火涂料），并且尽量选用特种钢结构防火涂料，具体可参考《钢结构防火涂料》（GB 14907—2018）、《建筑钢结构防火技术规范》（GB 51249—2017）等标准结合企业实际情况进行选型。

HEALTH SAFETY
ENVIRONMENT

第三章
消防给水及消防栓

解析消防给水系统构成与运行原理，规范消火栓布局及使用方法，保障灭火供水需求。

——华安

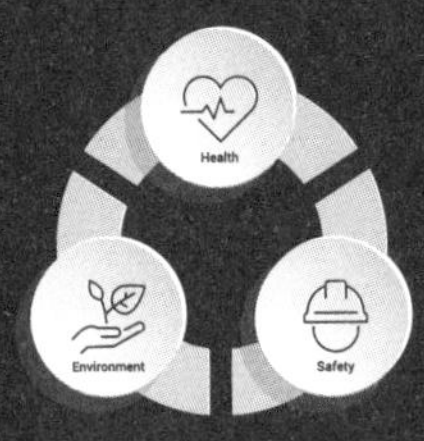

问 21 消防水池有效容积为何要分隔为小于 500m^3？

答： 消防水池容量过大时应分成 2 格，以便水池检修、清洗时仍能保证消防用水的供给。同时，需注意的是分格（分座）是以消防水池有效容积判定，不是消防水池总容积。

参考 《消防给水及消火栓系统技术规范》（GB 50974—2014）

4.3.6 消防水池的总蓄水有效容积（即储水容积）大于 500m^3 时，宜设两格能独立使用的消防水池；当大于 1000m^3 时，应设置能独立使用的两座消防水池。每格（或座）消防水池应设置独立的出水管，并应设置满足最低有效水位的连通管，且其管径应能满足消防给水设计流量的要求。

小结： 消防水池每个分隔的有效容积应小于 500m^3。

问 22 消防水罐属于消防水池吗？

答： 消防水罐如果用于提供消防给水系统水源，则具有和消防水池同样的功能，只是外观形式不同。

消防水池通常建在地下、半地下或地面，属于建构筑物设施。消防水罐一般建设在地面属于设备类设施。两者的作用都是为消防水系统提供储存水量，都具有储水功能。

参考 1 《石油化工企业设计防火标准》（GB 50160—2008，2018 年版）

8.3.2 当工厂水源直接供给不能满足消防用水量、水压和火灾延续时间内消防用水总量要求时，应建消防水池（罐）。

参考 2 《石油库设计规范》（GB 50074—2014）

12.2.14　石油库设有消防水池（罐）时，其补水时间不应超过96h。需要储存的消防总水量大于1000m³时，应设2个消防水池（罐），2个消防水池（罐）应用带阀门的连通管连通。

参考3《消防给水及消火栓系统技术规范》（GB 50974—2014）

2.1.5　消防水池定义：人工建造的供固定或移动消防水泵吸水的储水设施。

小结：消防水罐和消防水池都是用于储存消防水的储存设施，只是外观形式不同。

问23　消防管网压力设计为多少正常？超过0.70MPa时要有减压措施依据哪个规范？

答：消防管网压力设计视情况而定。低压消防给水系统的系统工作压力应根据市政给水管网和其他给水管网等的系统工作压力确定，且不应小于0.60MPa。高压和临时高压消防给水系统的系统工作压力应根据系统在供水时，可能的最大运行压力确定消防管网的压力。根据系统不同，要求也不一样。

参考1《消防给水及消火栓系统技术规范》（GB 50974—2014）

7.4.12　消火栓栓口动压力不应大于0.50MPa；当大于0.70MPa时必须设置减压装置。

参考2《石油化工企业设计防火标准》（GB 50160—2008，2018年版）

8.5.1　大型石油化工企业的工艺装置区、罐区等，应设独立的稳高压消防给水系统，其压力宜为0.7～1.2MPa。其他场所采用低压消防给水系统时，其压力应确保灭火时最不利点消火栓的水压不低于0.15MPa（自地面算起)。消防给水系统不应与循环冷却水系统合并，且不应用于其他用途。

参考3 《消防给水及消火栓系统技术规范》(GB 50974—2014)

5.2.2 高位消防水箱的设置位置应高于其所服务的水灭火设施，且最低有效水位应满足水灭火设施最不利点处的静水压力，并应符合下列规定:

1）一类高层民用公共建筑，不应低于0.10MPa，但当建筑高度超过100m时，不应低于0.15MPa;

2）高层住宅、二类高层公共建筑、多层民用建筑，不应低于0.07MPa，多层住宅，不宜低于0.07MPa;

3）工业建筑不应低于0.10MPa，当建筑体积小于20000m^{3}时，不宜低于0.07MPa;

4）自动喷水灭火系统等自动水灭火系统应根据喷头灭火需求压力确定，但最小不应小于0.10MPa;

5）当高位消防水箱不能满足本条第1款～第4款的静压要求时，应设稳压泵。

8.2.2 低压消防给水系统的系统工作压力应根据市政给水管网和其他给水管网等的系统工作压力确定，且不应小于0.60MPa。

8.2.3 高压和临时高压消防给水系统的系统工作压力应根据系统在供水时，可能的最大运行压力确定，并应符合下列规定:

1）高位消防水池、水塔供水的高压消防给水系统的系统工作压力，应为高位消防水池、水塔最大静压;

2）市政给水管网直接供水的高压消防给水系统的系统工作压力，应根据市政给水管网的工作压力确定;

3）采用高位消防水箱稳压的临时高压消防给水系统的系统工作压力，应为消防水泵零流量时的压力与水泵吸水口最大静水压力之和;

4）采用稳压泵稳压的临时高压消防给水系统的系统工作压力，应取消防水泵零流量时的压力、消防水泵吸水口最大静压二者之和与稳压泵维持系统压力时两者中的较大值。

当市政供水管网的供水能力在满足生产生活最大小时用水量后，仍能满足初期火灾所需的消防流量和压力时，可由市政给水系统直接供水，并应在进水管处设置倒流防止器，系统的最高处应设置自动排气阀；

自动喷水灭火系统等自动水灭火系统应根据喷头灭火需求压力确定，但最小不应小于 0.10MPa；当高位消防水箱不能满足本条第 1 款～第 5 款的静压要求时，应设稳压泵。

参考 4 《消防给水及消火栓系统技术规范》(GB 50974—2014)

5.3.3 稳压泵的设计压力应符合下列要求:

1. 稳压泵的设计压力应满足系统自动启动和管网充满水的要求；

2. 稳压泵的设计压力应保持系统自动启泵压力设置点处的压力在准工作状态时大于系统设置自动启泵压力值，且增加值宜为 0.07～0.10MPa；

3. 稳压泵的设计压力应保持系统最不利点处水灭火设施的在准工作状态时的压力大于该处的静水压，且增加值不应小于 0.15MPa。

小结：消防管网压力设计要根据系统而定，低压消防给水系统、稳高压消防给水系统，室内室外和使用对象不同而不同。具体可以参照《消防给水及消火栓系统技术规范》(GB 50974—2014)。

超过 0.70MPa 时要有减压措施依据是《消防给水及消火栓系统技术规范》要求，前提是指室内的消火栓。减压措施一般包括减压阀、减压稳压消火栓、减压孔板等。

问 24 消防水管必须全部刷成红色，这个要求是出自哪个规范?

答：规范并未明确规定消防水管必须刷成红色，但要求有明显标识。

参考 1 《消防给水及消火栓系统技术规范》(GB 50974—2014)

12.3.24 架空管道外应刷红色油漆或涂红色环圈标志，并应注明管道名称和水流方向标识。红色环圈标志，宽度不应小于20mm，间隔不宜大于4m，在一个独立的单元内环圈不宜少于2处。

参考2 《泡沫灭火系统技术标准》（GB 50151—2021）

3.1.2 系统主要组件宜按下列规定涂色：

1 泡沫消防水泵、泡沫液泵、泡沫液储罐、泡沫产生器、泡沫液管道、泡沫混合液管道、泡沫管道、管道过滤器等宜涂红色；

2 给水管道宜涂绿色；

3 当管道较多，泡沫系统管道与工艺管道涂色有矛盾时，可涂相应的色带或色环；

4 隐蔽工程管道可不涂色。

参考3 《自动喷水灭火系统施工及验收规范》（GB 50261—2017）

5.1.18 配水干管、配水管应做红色或红色环圈标志。红色环圈标志，宽度不应小于20mm，间隔不宜大于4m，在一个独立的单元内环圈不宜少于2处。检查数量：抽查20%，且不得少于5处。

小结：消防水管没有必须全部刷红色的要求，但应该满足消防标识标线应满足相关规范的要求。

问25 室内变压器水喷雾灭火系统能不能与厂区消防管共用？还是必须单独做一套消防供水系统？

答：可以和厂区消防管共用。只要消防水量能满足变压器水喷雾系统的消防水量、设计压力和火灾延续时间的要求，就可以共用，没必要单独做一套消防供水用供水喷雾系统。

一般的石油化工企业消防水系统用稳高压消防水系统，最大消防水量多在厂区的罐区或者消防用水量大的装置处，如果消防水泵保护的范围超过规范要求，还要设置 2 座消防水泵站，因此，室内变压器水喷雾系统基本不用考虑单独做消防供水系统。相关参考如下：

参考 1 《水喷雾灭火系统技术规范》（GB 50219—2014）

5.1.1 系统用水可由消防水池（罐）、消防水箱或天然水源供给，也可由企业独立设置的稳高压消防给水系统供给；系统水源的水量应满足系统最大设计流量和供给时间的要求。

参考 2 《火力发电厂与变电站设计防火标准》（GB 50229—2019）

11.5.4 单台容量为 125MV·A 及以上的油浸式变压器、200MV·A 及以上的油浸抗电器应设置水喷雾灭火系统其他固定式灭火装置。

问 26 为什么化工企业室外消火栓的大口径出水口要面向马路？

答：室外消火栓的作用是向消防车供水的，大口径出水口面向马路，便于消防车取水。

参考 《石油化工企业设计防火标准》（GB 50160—2008，2018 版）

8.5.5 消火栓的设置应符合下列规定：

5）地上式消火栓的大口径出水口应面向道路。当其设置场所有可能受到车辆冲撞时，应在其周围设置防护设施。

小结：GB 50160—2008 规定室外消火栓大口径对着马路。

问 27 消防栓箱门外不准有遮挡或杂物的依据是什么？

答：参考依据如下：

参考1《中华人民共和国消防法》

第二十八条　任何人不得损坏挪用或者擅自拆除、停用消防设施、器材，不得埋压、占，遮挡消火栓或者占用防火间距，不得占用，堵塞、封闭疏散通道、安全出口、消防车通道。人员密集场所的门窗不得设置影响逃生和灭火救援的障碍物。

参考2《机关、团体、企业、事业单位消防安全管理规定》

第三十一条　对下列违反消防安全规定的行为，单位应当责成有关人员当场改正并督促落实：

（一）违章进入生产、储存易燃易爆危险物品场所的；

（二）违章使用明火作业或者在具有火灾、爆炸危险的场所吸烟、使用明火等违反禁令的；

（三）将安全出口上锁、遮挡，或者占用、堆放物品影响疏散通道畅通的；

（四）消火栓、灭火器材被遮挡影响使用或者被挪作他用的。

参考3《建筑内部装修设计防火规范》（GB 50222—2017）

第 4.0.2 条　建筑内部消火栓箱门不应被装饰物遮掩，消火栓箱门四周的装修材料颜色应与消火栓箱门的颜色有明显区别或在消火栓门表面设置发光标志。

小结：《中华人民共和国消防法》《机关、团体、企业、事业单位消防安全管理规定》和 GB 50222—2017 等均明确了消防栓箱门外不准有遮挡或堆放杂物，以免影响应急救援时消防栓的使用。

问 28 消防管线要设置抗震支架吗？

答：需要。

消防系统必须保证牢固可靠，消防管道设置抗震支吊架是保证管道安全可靠的必要措施。

参考1《建筑机电工程抗震设计规范》（GB 50981—2014）

4.1.2　第3款：需要设防的室内给水、热水以及消防管道管径大于或等于DN65的水平管道，当其采用吊架、支架或托架固定时，应按本规范第8章要求设计抗震支撑。

室内自动喷水灭火系统和气体灭火系统等消防系统还应按相关施工及验收规范的要求设置防晃支架；管段设置抗震支架与防晃支架重合处，可只设抗震支撑。3）抗震支架和防晃支架功能类似，为避免重复设置，在重复处可只设置抗震支架。

参考2《自动喷水灭火系统施工及验收规范》（GB 50261—2017）

5.1.15　管道支架、吊架、防晃支架的安装应符合下列要求：内容（略）

小结：消防管线需要设计抗震支架。

问29　消防水泵接合器日常维护要注意哪些方面?

答：消防水泵接合器的日常维护需要注意以下几个方面：

（1）外观检查：定期查看消防水泵接合器的外观是否有损伤、变形、锈蚀等情况。特别要注意接口、阀门和保护罩等部位。

（2）密封性检查：检查接合器的接口、阀门等部位的密封性能，确保无泄漏现象。

（3）标识检查：确认接合器的标识是否清晰、准确，包括所属系统、分区等信息。

（4）阀门操作：定期对阀门进行开启和关闭操作，以确保其灵活性，防止长时间不动作导致卡死。但操作时要注意适度，避免过度用力造成损坏。

（5）周围环境清理：保持接合器周围环境整洁，无杂物堆积，确保在使用时能够迅速接近和操作。

（6）防冻措施：在寒冷地区，要采取有效的防冻措施，防止接合器因冰冻而损坏。

（7）定期巡检：按照规定的时间间隔进行巡检，并做好记录，及时发现问题并处理。

（8）维护保养记录：建立详细的维护保养记录，包括检查的时间、内容、发现的问题以及处理措施等。

（9）功能测试：定期进行功能测试，如通水试验，检查其供水功能是否正常。

（10）防护装置：确保防护装置完好无损，如防护盖、防护栏等，防止被误操作或损坏。

第四章

消防水泵（柴油泵）

聚焦消防关键设备，深入探究柴油泵工作原理，熟练掌握运维及操作要点。

——华安

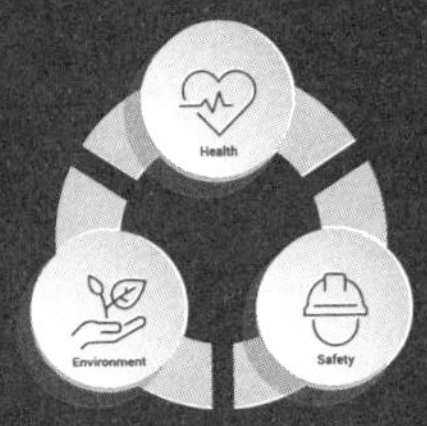

问 30 石油库消防水泵的使用应参照哪个标准？

答：石油库企业消防水泵可参考《消防设施通用规范》（GB 55036—2022）、《石油库设计规范》（GB 50074—2014）、《消防给水及消火栓系统技术规范》（GB 50974—2014）《石油化工消防泵房设计规范》（SH/T 3219—2022）等技术标准。

参考 1 《消防设施通用规范》（GB 55036—2022）

1.0.2 建设工程中消防设施的设计、施工、验收、使用和维护必须执行本规范。

参考 2 《石油库设计规范》（GB 50074—2014）

12.2.12 石油库消防水泵的设置，应符合下列规定：

1. 一级石油库的消防冷却水泵和泡沫消防水泵应至少各设置 1 台备用泵。二、三级石油库的消防冷却水泵和泡沫消防水泵应设置备用泵，当两者的压力、流量接近时，可共用 1 台备用泵。四、五级石油库的消防冷却水泵和泡沫消防水泵可不设备用泵。备用泵的流量、扬程不应小于最大主泵的工作能力。

2. 当一、二、三级石油库的消防水泵有 2 个独立电源供电时，主泵应采用电动泵，备用泵可采用电动泵，也可采用柴油机泵；只有 1 个电源供电时，消防水泵应采用下列方式之一：

1）主泵和备用泵全部采用柴油机泵；

2）主泵采用电动泵，配备规格（流量、扬程）和数量不小于主泵的柴油机泵作备用泵；

3）主泵采用柴油机泵，备用泵采用电动泵。

3. 消防水泵应采用正压启动或自吸启动。当采用自吸启动时，自吸时间不宜大于 45s。

参考3《消防给水及消火栓系统技术规范》（GB 50974—2014）

1.0.2　本规范适用于新建、扩建、改建的工业、民用、市政等建设工程的消防给水及消火栓系统的设计、施工、验收和维护管理。

参考4《石油化工消防泵房设计规范》（SH/T 3219—2022）

本标准适用于石油化工企业，石油（储备）库，石油天然气工程，液化天然气接收站，以煤为原料、经过煤气化或煤液化过程制取燃料和化工产品的工程，石油化上码头陆域部分新建、改建和扩建的消防泵站的设计。

小结： 石油库企业消防水泵可采用《石油库设计规范》（GB 50074—2014）、《石油化工消防泵房设计规范》（SH/T 3219—2022）等标准。

问 31 焦化厂消防泵设置应参照哪些标准?

具体问题：《钢铁冶金企业设计防火标准》（GB 50414—2018）和《煤化工工程设计防火标准》（GB 51428—2021）是否适用焦化厂消防泵?

答： 应当考虑焦化厂为独立工厂和联合装置的一部分时，视不同情况采标。首先应参考《焦化安全规程》（GB 12710—2008）第六章 消防设施的相关要求，其次可以参考上述规范，还需考虑《消防给水及消火栓系统技术规范》（GB 50974—2014）等要求。

参考1《煤焦化粗苯加工工程设计标准》（GB/T 51325—2018）

本规范适用于新建和改建粗苯加工工程设计。

参考2《石油化工企业设计防火标准》（GB 50160—2008，2018年版）

1.0.2　条文说明，以煤为原料的煤化工工程，除煤的运输、储存、处理等以外，后续加工过程与石油化工相同，可参照本标准执行。

参考3《煤化工工程设计防火标准》（GB 51428—2021）

1.0.2 本标准适用于以煤为原料，经过煤气化或煤直接液化过程制取燃料和化工产品的新建、扩建和改建工程的防火设计。

小结： 焦化厂消防泵设置适用《钢铁冶金企业设计防火标准》（GB 50414—2018）、《煤化工工程设计防火标准》（GB 51428—2021），同时还需满足《焦化安全规程》（GB 12710—2008）、《消防给水及消火栓系统技术规范》（GB 50974—2014）等相关规范的要求。

问32 消防泵是否必须要设置在泵房内？

答： 非强制要求，与所在地区气候情况有关，多数设置在泵房内。相关参考如下：

参考1 《石油化工消防泵站设计规范》（SH/T 3219—2022）

4.1.3 消防泵宜地上布置，严寒、寒冷地区的消防泵不宜露天布置。当消防泵露天布置时，应采取防火、防爆、防雨、防潮、防冻等安全措施。

参考2 《消防给水及消火栓系统技术规范》（GB 50974—2014）

5.5.13 当采用柴油机消防水泵时宜设置独立消防水泵房，并应设置满足柴油机运行的通风、排烟和阻火设施。

问33 消防泵房地下改地上是消防设计变更吗？走何流程？

答： 消防泵房位置由地下改地上，属于建设工程消防设计变更，工程规模不同，办理路径也存在差异。

（1）如果该工程为特殊工程，需要如下流程：

① 需要到地方住房和城乡建设主管部门重新办理消防设计审查手续；

② 消防设计审查合格后，施工单位按照审查合格图纸施工，不得擅自更改消防设计；

③ 建设工程竣工验收后，建设单位应当向消防设计审查验收主管部门申请消防验收，未经消防验收或者消防验收不合格的，禁止投入使用。

（2）如果该工程为其他工程，需要如下流程：

① 工程开工前，由有资质的设计单位出具满足要求的设计图纸；

② 施工单位按图施工，不得擅自更改消防设计；

③ 工程竣工验收合格之日起五个工作日内，建设单位应当报消防设计审查验收主管部门备案。

参考 依据《建设工程消防设计审查验收管理暂行规定》（住房和城乡建设部令〔2023〕58号）

第十五条　对特殊建设工程实行消防设计审查制度。

特殊建设工程的建设单位应当向消防设计审查验收主管部门申请消防设计审查，消防设计审查验收主管部门依法对审查的结果负责。

特殊建设工程未经消防设计审查或者审查不合格的，建设单位、施工单位不得施工。

第二十七条　对特殊建设工程实行消防验收制度。

特殊建设工程竣工验收后，建设单位应当向消防设计审查验收主管部门申请消防验收；未经消防验收或者消防验收不合格的，禁止投入使用。

第三十三条　其他建设工程，建设单位申请施工许可或者申请批准开工报告时，应当提供满足施工需要的消防设计图纸及技术资料。

未提供满足施工需要的消防设计图纸及技术资料的，有关部门不得发放施工许可证或者批准开工报告。

第三十四条　对其他建设工程实行备案抽查制度，分类管理。

其他建设工程经依法抽查不合格的，应当停止使用。

第三十六条　其他建设工程竣工验收合格之日起五个工作日内，建设单位应当报消防设计审查验收主管部门备案。

小结：消防泵房作为特殊建设工程中的重要设施，审查通过后如发生变更，应该向原设计审查单位重新办理消防设计变更审查。如果为其他工程必须有设计单位出具的设计变更。

问34 半敞开式消防水泵房符合要求吗？

答：在无防冻要求的环境中，消防水泵房可以设置为半敞开式的。

目前相关标准只对附设在建筑物内的消防水泵房和独立建造消防水泵房有明确要求，对半敞开式消防水泵房没有明确要求。消防水泵房采用半敞开式还是封闭式主要是考虑防冻要求，在南方多采用半敞开或敞开式（搭设防雨棚）。

参考《消防给水及消火栓系统技术规范》（GB 50974—2014）

5.5.12　消防水泵房应符合下列规定：

1）独立建造的消防水泵房耐火等级不应低于二级；

2）附设在建筑物内的消防水泵房，不应设置在地下三层及以下，或室内地面与室外出入口地坪高差大于10m的地下楼层；

3）附设在建筑物内的消防水泵房，应采用耐火极限不低于2.0h的隔墙和1.50h的楼板与其他部位隔开，其疏散门应直通安全出口，且开向疏散走道的门应采用甲级防火门。

5.5.13　当采用柴油机消防水泵时宜设置独立消防水泵房，并应设置满足柴油机运行的通风、排烟和阻火设施。

5.5.16　消防水泵和控制柜应采取安全保护措施。

11.0.9　消防水泵控制柜设置在专用消防水泵控制室时，其防护等级不应低于 IP30；与消防水泵设置在同一空间时，其防护等级不应低于 IP55。

小结：在无防冻要求的环境中，消防水泵房可以设置为半敞开式的。目前规范标准只对附设在建筑物内的消防水泵房和独立建造消防泵房有要求，没有明确禁止采用半敞开式消防水泵房形式，但考虑到消防泵房作为消防给水系统“心脏”地位，其安全防护性至关重要，在有防冻要求的环境中，不建议采用半敞开式消防水泵房。但无论是地下还是敞开、半敞开式泵房，消防水泵须满足自灌式吸水要求。

问 35 进水管加大小头，对消防泵进水有何影响?

具体问题：消防水池到消防（水）泵之间的管道，原设计进水管道 DN350，后来因为结构与给排水专业沟通问题，设置的套管为 DN350，因此，进水一段管道只能设置 DN300 的，目前设想是加个大小头（DN350×300)，对消防泵进水有什么影响吗?

答：视情况而定。对消防泵是否有影响，需要结合原有消防泵的性能参数确定；如果满足要求，加大小头应采用偏心异径方连接方式，并且保持管顶平接。由于原设计供水管道 DN350，当直径变为 DN300，流通面积不足原有设计 73.46%，对消防泵是否有影响要看原设计消防泵性能参数是否满足流量和扬程，以及设计的流量裕度。主要原因如下:

（1）流量降低。进水管道直径过小会对水泵的流量产生影响，可能导致水泵的流量降低，无法达到设计流量。同时，水泵的出水流量也会受到限制，影响了水的使用效果。

（2）压力升高。进水管道直径过小会产生流量阻力，导致水泵的压力升高，这不仅影响水泵的工作效率，还会导致水泵的损坏。

（3）大小头（DN350×300）连接方式影响。

1）大小头采用直接连接方式：该连接方式由于两者之间的直径突然发生变化，会导致水泵在工作时因为流量变化而产生振动和噪声。

2）偏心异径管连接方式：该方式在大小头之间安装一个过渡接头，使两者之间的直径逐渐变化，而不是直接连接两者。如果采用同心大小头方式，则在吸水管上部有倒坡现象存在，会产生气囊，易形成汽蚀，会影响水泵正常出水。偏心异径管正确连接方式为必须使其上平下斜，即要求吸水管的上部保持平接，见图1。

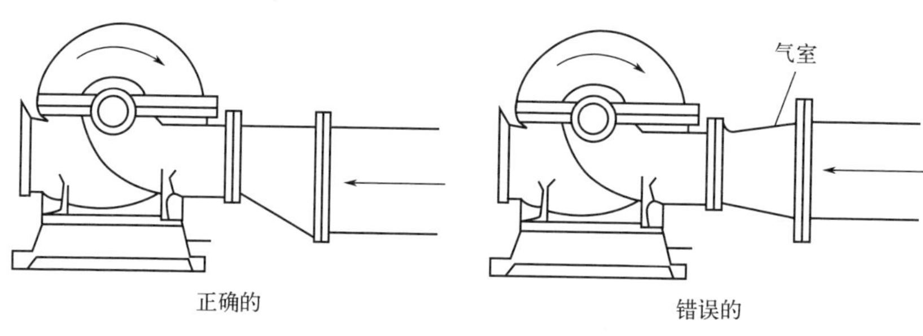

图1 正确和错误消防水泵吸水管安装示意图

参考《消防给水及消火栓系统技术规范》（GB 50974—2014）

5.1.4 单台消防水泵的最小额定流量不应小于10L/s，最大额定流量不宜大于320L/s。

5.1.5 当消防水泵采用离心泵时，泵的型式宜根据流量、扬程、气蚀余量、功率和效率、转速、噪声，以及安装场所的环境要求等因素综合确定。

5.1.6 消防水泵的选择和应用应符合下列规定：

1）消防水泵的性能应满足消防给水系统所需流量和压力的要求；

2）消防水泵所配驱动器的功率应满足所选水泵流量扬程性能曲线上任何一点运行所需功率的要求；

3）当采用电动机驱动的消防水泵时，应选择电动机干式安装的消防水泵；

4）流量扬程性能曲线应为无驼峰、无拐点的光滑曲线，零流量时的压力不应大于设计工作压力的 140%，且宜大于设计工作压力的 120%；

5）当出流量为设计流量的 150% 时，其出口压力不应低于设计工作压力的 65%。

小结： 消防水泵的给水管道可以采用大小头连接，但依据本条提问的具体问题：给水管道管径变小（由 DN350 变为 DN300），应根据水泵的流量和扬程进行计算后确定是否可以采用大小头变径连接。

问 36 消防泵功率比较大，可以采用软启动方式吗？

答： 不可以采用软启动。应采用以下启动方式之一：①直接启动（工频）；②星三角启动（工频）；③自耦降压启动（工频）。

软启动器与变频器类似，均属于电力电子器件，在特殊环境下更容易造成故障，且不确定因素增加，消防设施强调高可靠性，为了保证消防水泵运行可靠性，不允许采用软启动方式。

参考 1 《消防给水及消火栓系统技术规范》（GB 50974—2014）

11.0.14 火灾时消防水泵应工频运行，消防水泵应工频直接启泵；当功率较大时，宜采用星三角和自耦降压变压器启动，不宜采用有源器件启动。

参考 2 《火灾自动报警系统设计规范》（GB 50116—2013）

3.1.8 消防水泵控制柜、风机控制柜等消防电气控制装置不应采用变频启动方式。当消防泵功率过大时，建议采用高压泵。

参考 3 《民用建筑电气设计标准》（GB 51348—2019）

9.2.24 电动机的其他保护电器或启动装置的选择应符合下列规定：2）民用建筑中，除消防设备外，大功率的水泵、风机宜采用软启动装置；

电动机由软启动装置启动后，宜将软启动装置短接，并由旁路接触器或内置旁路接触器接通电动机主回路。

小结： 为了保证消防泵启动的可靠性，消防泵不应采用软启动和变频启动，应工频直接启泵；当功率较大时，宜采用星三角和自耦降压变压器启动。

问 37 化工企业消防水泵可以给生产供水吗？

答： 视情况而定。

一般低压消防水系统和生产水系统设计压力相近，在满足使用流量基础上，可以共用水泵；高压消防水系统压力远远高于生产水系统设计压力，这种情况应分开设置。

参考 1 《石油化工企业设计防火标准》(GB 50160—2008，2018 年版)

8.5.2 消防给水管道应环状布置，并应符合下列规定：

3. 与生产、生活合用的消防给水管道应能满足 100% 的消防用水和 70% 的生产、生活用水的总量要求；

参考 2 《石油库设计规范》(GB 50074—2014)

12.2.2 五级石油库的消防给水可与生产、生活给水系统合并设置。

参考 3 《消防给水及消火栓系统技术规范》(GB 50974—2014)

当消防给水与生活、生产给水合用时，合用系统的给水设计流量应为消防给水设计流量与生活、生产用水最大小时流量之和。计算生活用水最大小时流量时，淋浴用水量宜按 15% 计，浇洒及洗刷等火灾时能停用的用水量可不计。

小结： 是否采用消防水泵为生产给水，除考虑流量要求外，还需考虑管网压力。

问 38 化工企业消防水泵电机外壳需要接地吗？

答： 需要。依据如下：

参考 1 《电气装置安装工程接地装置施工及验收规范》（GB 50169—2016）

3.0.4 电气装置下列金属部分，均应接地或接零：

1）电气设备的金属底座、框架及外壳和传动装置；

2）携带式或移动式用电器具的金属底座和外壳。

参考 2 《电气装置安装工程低压电器施工及验收规范》（GB 50254—2014）

3.0.16 需要接地的电器金属外壳、框架必须可靠接地。（交流 50Hz 或 60Hz、额定电压 1000V 及以下；直流额定电压 1500V 及以下；不适用无须固定安装仪表电器，特殊环境下的低压电器）

参考 3 《化工企业安全卫生设计规范》（HG 20571—2014）

4.4.1 正常不带电而事故时可能带电的配电装置及电气设备外露可导电部分，均应按现行国家标准《交流电电气装置的接地设计规范》（GB 50065—2011）的要求设置接地装置。

小结： 消防水泵电机金属外壳需按照要求进行接地。

问 39 柴油消防泵能用变频吗？

答： 柴油消防泵不宜采用变频启动。

消防泵的设计和使用主要考虑的是在紧急情况下能够迅速启动并提供足够的流量和压力，因此，直接启动方式更为可靠，能够确保在需要时立即投入使用。变频启动虽然具有节能和平稳启动的优点，但在消防泵的应用中，其复杂性可能会在紧急情况下造成不便，而且消防泵的使用频率相对较低，从节能的角度来看，采用变频控制的意义不大。此外，消防泵的功率通常较大，采用变频控制会增加投资和维护成本，且从工艺角度考虑，消防泵不需要变频调速，只要流量和压力满足要求即可。因此，出于对可靠性、紧急情况下的快速响应以及成本效益的考虑，消防泵通常不采用变频控制。

参考《消防给水及消火栓系统技术规范》（GB 50974—2014）

11.0.14 火灾时消防水泵应工频运行，消防水泵应工频直接启泵；当功率较大时，宜采用星三角和自耦降压变压器启动，不宜采用有源器件启动。

小结：消防水泵不宜采用变频启动。

问 40 对消防水泵动力源的设置都有哪些要求？

答：首先，消防水泵不应采用双电动机或基于柴油机等组成的双动力驱动水泵；其次对于不同的保护对象，消防水泵的动力源设置要求不同：以下针对建筑物、石油库、大中型石化企业、精细化工企业、煤化工企业分别进行分析。

（1）建筑物

当室内临时高压消防给水系统仅采用稳压泵稳压，且为室外消火栓设计流量大于20L/s的建筑和建筑高度大于54m的住宅时，消防水泵应按一级负荷要求供电，当不能满足一级负荷要求供电时应采用柴油发电机组作备用动力；工业建筑备用泵宜采用柴油机消防水泵。

参考1《消防给水及消火栓系统技术规范》（GB 50974—2014）

5.1.1、6.1.10。

（2）石油库

当一、二、三级石油库的消防水泵有2个独立电源供电时，主泵应采用电动泵，备用泵可采用电动泵，也可采用柴油机泵；只有1个电源供电时，消防水泵应采用下列方式之一：主泵和备用泵全部采用柴油机泵；主泵采用电动泵，配备规格（流量、扬程）和数量不小于主泵的柴油机泵作备用泵；主泵采用柴油机泵，备用泵采用电动泵。石油库的供电宜采用外接电源。当采用外接电源有困难或不经济时，可采用自备电源。

参考2 《石油库设计规范》（GB 50074—2014）12.2.12、14.1.2。

（3）大中型石油化工企业

消防水泵的主泵应采用电动泵，备用泵应采用柴油机泵，且应按100%备用能力设置，柴油机的油料储备量应能满足机组连续运转6h的要求；柴油机的安装、布置、通风、散热等条件应满足柴油机组的要求。消防水泵房用电负荷应为一级负荷。

参考3 《石油化工企业设计防火标准》（GB 50160—2008，2018年版）8.3.8、9.1.1。

（4）精细化工企业

当室外消防设计水量大于25L/s的厂房（仓库）、储罐区等应按两个动力源设置；设有自动喷水灭火系统或固定泡沫灭火系统的消防泵，应按两个独立动力源设置：一级负荷供电或备用泵宜采用柴油机泵。

参考4 《精细化工企业工程设计防火标准》（GB 51283—2020）9.3.7、11.1.1。

（5）煤化工企业

消防水泵的主泵应采用电动泵，备用泵应采用柴油机消防泵；大型、中型煤化工工厂的消防用电，应按一级负荷供电。

参考5 《煤化工工程设计防火标准》(GB 51428—2021)9.3.5、10.1.1。

(6)延伸知识

① 一级负荷：应由双重电源供电，当一电源发生故障时，另一电源不应同时受到损坏。

参考6 《供配电系统设计规范》(GB 50052—2009)3.0.2。

② 双重电源：一个负荷的电源是由两个电路提供的，这两个电路就安全供电而言被认为是互相独立的。

参考7 《供配电系统设计规范》(GB 50052—2009)2.0.2。

③ 消防泵：安装在消防车、固定灭火系统或其他消防设施上，用作输送水或泡沫溶液等液体灭火剂的专用泵。

消防泵组：带有动力源的消防泵。一般由一组消防泵、动力源、控制柜以及辅助装置组成；按动力源形式可分为：a）柴油机消防泵组；b）电动机消防泵组；c）燃气轮机消防泵组；d）汽油机消防泵组。

参考8 《消防泵》(GB 6245—2006)3.1、3.18、4.1.3.1。

小结：消防水泵的动力源可以采用电动机、柴油机、燃气轮机或汽油机等型式，当采用电动机时，可采用一级负荷供电或其他供电负荷供电，具体动力源和供电负荷应根据不同的消防水系统保护要求来确定。

问41 企业消防泵房必须设置备用柴油泵吗？若有双电源，还需要设置备用柴油泵吗？

答：不是所有企业消防泵都必须设置备用柴油泵。

首先，广义的石油化工企业包括石化企业、精细化工企业、石油库、天然气站场等，因各企业危险性不同，对柴油泵的要求也不同。

其次，消防泵包括消防水泵、消防水喷淋泵、泡沫消防水泵和消防泡沫泵，因功能不同，对柴油泵的设置要求也不同。

参考 1 《石油化工企业设计防火标准》（GB 50160—2008，2018 年版）

8.3.8 消防水泵的主泵应采用电动泵，备用泵应采用柴油机泵，且应按 100% 备用能力设置，柴油机的油料储备量应能满足机组连续运转 6h 的要求。

9.1.1 大中型石油化工企业消防水泵房用电负荷应为一级负荷。

参考 2 《精细化工企业工程设计防火标准》（GB 51283—2020）

9.3.7 消防泵的供电应符合下列规定：3）设有自动喷水灭火系统或固定泡沫灭火系统的消防泵，应按两个独立动力源设置：一级负荷供电或备用泵宜采用柴油机泵。

参考 3 《石油库设计规范》（GB 50074—2014）

12.2.12 石油库消防水泵的设置，应符合下列规定：当一、二、三级石油库的消防水泵有 2 个独立电源供电时，主泵应采用电动泵，备用泵可采用电动泵，也可采用柴油机泵；只有 1 个电源供电时，消防水泵应采用下列方式之一：

1）主泵和备用泵全部采用柴油机泵；

2）主泵采用电动泵，配备规格（流量、扬程）和数量不小于主泵的柴油机泵作备用泵；

3）主泵采用柴油机泵，备用泵采用电动泵。

参考 4 《石油天然气工程设计防火规范》（GB 50183—2004）

9.1.1 石油天然气工程一、二、三级站场消防泵房用电设备的电源、宜满足现行国家标准《供配电系统设计规范》GB 50052 所规定的一级负荷供电要求。当只能采用二级负荷供电时，应设柴油机或其他内燃机直接驱动的备用消防泵，并应设蓄电池满足自控通讯要求。当条件受限制或技术、经济合理时，也可全部采用柴油机或其他内燃机直接驱动消防泵。

参考5《泡沫灭火系统技术标准》(GB 50151—2021)

7.1.3 固定式系统动力源和泡沫消防水泵的设置应符合下列规定:

1 石油化工园区、大中型石化企业与煤化工企业、石油储备库，应采用一级供电负荷电机拖动的泡沫消防水泵做主用泵，采用柴油机拖动的泡沫消防水泵做备用泵;

2 其他石化企业与煤化工企业、特级和一级石油库及油品站场，应采用电机拖动的泡沫消防水泵做主用泵，采用柴油机拖动的泡沫消防水泵做备用泵。

参考6《自动喷水灭火系统设计规范》(GB 50084—2017)

10.2.2 按二级负荷供电的建筑，宜采用柴油机泵作备用泵。

小结: ①中大型石化企业消防水泵，即使设置了双电源也必须设置柴油消防泵做备用泵；②石油化工园区、大中型石化企业与煤化工企业、石油储备库，应采用一级供电负荷电机拖动的泡沫消防水泵做主用泵，采用柴油机拖动的泡沫消防水泵做备用泵；③一、二、三级石油库消防水泵只有1个电源供电时，需设柴油泵；④石油天然气工程一、二、三级站场当只能采用二级负荷供电时，应设柴油机或其他内燃机直接驱动的备用消防泵。

问42 两台消防水泵都是电动泵，但是有柴油发电机，请问可以吗?

答: 视情况而定。柴油发电机（用于发电）和柴油机消防泵（用于输出动力）是两类设备，不能相互代替。

对于石油化工企业，备用消防泵必须采用柴油机泵，不能用电动泵代替。当一、二、三级石油库的消防水泵有2个独立电源供电时，主泵应采用电动泵，备用泵可采用电动泵，也可采用柴油机泵；只有1个电源供电时，至少应有1台柴油机消防泵。

参考1 《石油化工企业设计防火标准》（GB 50160—2008，2018年版）

8.3.8　消防水泵的主泵应采用电动泵，备用泵应采用柴油机泵，且应按100%备用能力设置，柴油机的油料储备量应能满足机组连续运转6h的要求；柴油机的安装、布置、通风、散热等条件应满足柴油机组的要求。

主要看企业消防设计时消防泵用电是几级负荷，如果是一级负荷，做不到双电源时，设置满足消防泵用电功率及自启动要求的柴油发电机是可以的。

参考2 《消防给水及消火栓系统技术规范》（GB 50974—2014）

6.1.10　当室内临时高压消防给水系统仅采用稳压泵稳压，且为室外消火栓设计流量大于20L/s的建筑和建筑高度大于54m的住宅时，消防水泵的供电或备用动力应符合下列要求：消防水泵应按一级负荷要求供电，当不能满足一级负荷要求供电时应采用柴油发电机组作备用动力。

参考3 《石油库设计规范》（GB 50074—2014）

12.2.12　石油库消防水泵的设置，应符合下列规定：

2）当一、二、三级石油库的消防水泵有2个独立电源供电时，主泵应采用电动泵，备用泵可采用电动泵，也可采用柴油机泵；只有1个电源供电时，消防水泵应采用下列方式之一：主泵和备用泵全部采用柴油机泵；主泵采用电动泵，配备规格（流量、扬程）和数量不小于主泵的柴油机泵作备用泵；主泵采用柴油机泵，备用泵采用电动泵。

参考4 《精细化工企业工程设计防火标准》（GB 51283—2020）

9.3.7 消防泵的供电应符合下列规定：室外消防设计水量大于 25L/s 的厂房（仓库）、储罐区等应按两个动力源设置；设有自动喷水灭火系统或固定泡沫灭火系统的消防泵，应按两个独立动力源设置：一级负荷供电或备用泵宜采用柴油机泵。

参考5 《建筑设计防火规范》(GB 50016—2014，2018 年版)

10.1.4 消防用电按一、二级负荷供电的建筑，当采用自备发电设备作备用电源时，自备发电设备应设置自动和手动启动装置。当采用自动启动方式时，应能保证在 30s 内供电。

小结： 柴油发电机（用于发电）和柴油机消防泵（用于输出动力）是两类设备，不能相互代替，其本质的消防水泵的安全保障问题。当消防用电负荷为一级负荷中特别重要时，中大型石化企业消防水泵，即使设置了双电源也必须设置柴油消防泵做备用泵。当一、二、三级石油库的消防水泵有 2 个独立电源供电时，主泵应采用电动泵，备用泵可采用电动泵，也可采用柴油机泵；只有 1 个电源供电时，至少应有 1 台柴油机消防泵。

问 43 柴油发电机和柴油泵有什么区别，柴油发电机可以取代柴油泵吗？

答： 柴油发电机不能替代柴油泵。柴油发电机和柴油泵是两个不同功能和用途的设备。虽然它们都使用柴油作为燃料，但是柴油发电机是把柴油中的化学能转化为电能，用途是发电；而柴油泵则是把柴油中的化学能转化为机械能（动能），主要用于动力输出，是一种动力设备。

举例如下：在石油化工企业，消防泵经常采用柴油机消防泵。

参考 《石油化工企业设计防火标准》(GB 50160—2008，2018 年版)

第 8.3.8 条，规定消防水泵的主泵应采用电动泵，备用泵应采用柴油机泵。

电动泵由于操作简单、运行可靠、启动快可迅速使消防系统达到工作状态，将电动泵设置为主泵；为了提高消防系统的动力可靠性，设置柴油机消防泵为备用消防泵。当应用在石化企业消防水泵时，柴油发电机可以为主泵应急供电，但是备用泵应采用柴油泵，柴油发电机不能替代柴油泵。

小结：柴油发电机不能代替柴油泵。

问 44 供消防柴油泵的 300L 柴油罐可以设置在消防泵房内吗？

答：视情况而定。

石油化工企业供消防泵站消防柴油泵的 300L 柴油罐可以设置消防在消防泵房内；民用建筑内消防泵房供消防柴油泵的 300L 柴油罐应设置在独立房间内；其他独立设置的柴油消防水泵房没有明确规定。

柴油消防泵储油箱布置主要考虑柴油发生火灾后产生后果，敷设在民用建筑内消防泵房柴油储油箱引发火灾后独立设置的消防泵房带来火灾风险高、后果严重，因此，敷设在民用建筑内消防泵房对柴油箱储量和布置要求相对要高。

参考 1《石油化工消防泵站设计规范》（SH/T 3219—2022）

9.2.3　柴油机宜采用闪点不低于 60℃的车用柴油（生物柴油除外），每台柴油机应有自身独立的供油系统及燃油箱，并应满足以下要求：

a）油箱容量应满足柴油机连续运行的要求；

b）油箱布置应符合下列要求：

1）当泵房内柴油机油箱总容量不大于 3m³ 时，油箱布置可不限制；

2）当泵房内柴油机油箱总容量大于 3m³ 且不大于 6m³ 时，油箱应与柴油机在泵房内相对独立布置，并对油箱设置水喷淋（喷雾）系统或将油箱设置在消防泵房外的独立房间内；

3）当泵房内柴油机油箱总容量大于 6m³ 时，油箱应设置在消防泵房外的独立房间内。

参考2 《石油化工企业设计防火标准》（GB 50160—2008，2018 年版）

8.3.8 消防水泵的主泵应采用电动泵，备用泵应采用柴油机泵，且应按 100% 备用能力设置，柴油机的油料储备量应能满足机组连续运转 6h 的要求；柴油机的安装、布置、通风、散热等条件应满足柴油机组的要求。

参考3 《建筑设计防火规范》（GB 50016—2014，2018 年版）

5.4.14 供建筑内使用的丙类液体燃料，其储罐应布置在建筑外。并应符合下列规定：

1 当总容量不大于 15m³，且直埋于建筑附近、面向油罐一面 4.0m 范围内的建筑外墙为防火墙时，储罐与建筑的防火间距不限；

2 当总容量大于 15m³ 时，储罐的布置应符合本规范第 4.2 节的规定；

3 当设置中间罐时，中间罐的容量不应大于 1m³，并应设置在一、二级耐火等级的单独房间内，房间门应采用甲级防火门。

参考4 《建筑防火通用规范》（GB 55037—2022）

4.1.5 附设在建筑内的燃油或燃气锅炉房、柴油发电机房，除应符合本规范第 4.1.4 条的规定外，尚应符合下列规定：

1 常（负）压燃油或燃气锅炉房不应位于地下二层及以下，位于屋顶的常（负）压燃气锅炉房与通向屋面的安全出口的最小水平距离不应小于 6m；其他燃油或燃气锅炉房应位于建筑首层的靠外墙部位或地下一层的靠外侧部位，不应贴邻消防救援专用出入口、疏散楼梯（间）或人员的主要疏散通道。

2 建筑内单间储油间的燃油储存量不应大于 1m³。油箱的通气管设置应满足防火要求，油箱的下部应设置防止油品流散的设施。储油间应采用耐火极限不低于 3.00h 的防火隔墙与发电机间、锅炉间分隔。

参考 5 《消防给水及消火栓系统技术规范》（GB 50974—2014）

5.5.13　当采用柴油机消防水泵时宜设置独立消防水泵房，并应设置满足柴油机运行的通风、排烟和阻火设施。

小结： 不同场所对柴油消防泵供油箱布置要求存在差异，石油化工企业消防泵房内柴油机油箱总容量大于 6m³ 时，油箱应设置在消防泵房外的独立房间内；敷设在民用建筑内消防泵房燃油储存量不应大于 1m³，应设置在一、二级耐火等级的单独房间内，房间门应采用甲级防火门；其他独立设置柴油消防水泵房没有明确规定。

问 45 柴油箱为什么不能放置在柴油泵旁？

答： 视情况而定。

参考 《石油化工消防泵站设计规范》（SH/T 3219—2022）

9.2.3　柴油机宜采用闪点不低于 60℃的车用柴油（生物柴油除外），每台柴油机应有自身独立的供油系统及燃油箱，并应满足以下要求：

b）油箱布置应符合下列要求：

1）当泵房内柴油机油箱总容量不大于 3m³ 时，油箱布置可不限制；

2）当泵房内柴油机油箱总容量大于 3m³ 且不大于 6m³ 时，油箱应与柴油机在泵房内相对独立布置，并对油箱设置水喷淋（喷雾）系统或将油箱设置在消防泵房外的独立房间内；

3）当泵房内柴油机油箱总容量大于 6m³ 时，油箱应设置在消防泵房外的独立房间内。

小结： 柴油消防泵的油箱并非绝对不可设置在柴油泵附近，具体可根据企业现场条件与柴油箱容量、火灾危险管控等执行。

问 46 如何理解柴油机的消防水泵油箱内储存的燃料不应小于50%的储量？

具体问题：柴油机消防水泵的供油箱应根据火灾延续时间确定，且油箱有效容积应按1.5L/kW配置，柴油机的消防水泵油箱内储存的燃料不应小于50%的储量怎么理解？

答：柴油机消防水泵的供油箱（柴油泵外部设置的储油箱）和消防水泵油箱（与柴油机一体的燃油箱）是两个装置。柴油机的消防水泵油箱内储存的燃料不应小于50%的储量指的是柴油机一体的燃油箱，并不是外部设置的供油箱。

参考1 《消防给水及消火栓系统技术规范》（GB 50974—2014）

5.1.8 当采用柴油机消防水泵时应符合下列规定：

5 柴油机消防水泵的供油箱应根据火灾延续时间确定，且油箱最小有效容积应按1.5L/kW配置，柴油机消防水泵油箱内储存的燃料不应小于50%的储量。

参考2 《消防泵》（GB 6245—2006）

9.9.2.1 燃油箱上的出油管路应保证5%燃油箱的沉淀容积不会被柴油机吸进。

9.9.2.2 燃油箱不应被灌满，应保证有5%燃油箱的空余。

9.9.2.6 燃油箱内油位在最高位置时，不应超过柴油机制造商油泵的最大静压力。

参考3 《石油化工企业设计防火标准》（GB 50160—2008，2018年版）

8.3.8　消防水泵的主泵应采用电动泵，备用泵应采用柴油机泵，且应按 100% 备用能力设置，柴油机的油料储备量应能满足机组连续运转 6h 的要求。

小结：根据上述条款以及柴油机消防水泵的有关规定，50% 的燃料储量是柴油机消防水泵自带油箱日常备用状态下的存储量。

问 47 发电机房柴油储存量限量的依据是什么？

答：经查阅，多个标准规范均要求储量不应大于 $1m^3$。建筑内储油间的火灾危险性主要由每间储油间的储油量决定。每间储油间要严格限制其总储油量不大于 $1.0m^3$。储油间应采用耐火极限不低于 3h 的防火隔墙与发电机间分隔；确需在防火隔墙上开门时，应设置甲级防火门。具体依据如下：

参考 1《建筑设计防火规范》（GB 50016—2014，2018 年版）

第 5.4.13 条　布置在民用建筑内的柴油发电机房应符合下列规定：

4　机房内设置储油间时，其总储存量不应大于 $1m^3$，储油间应采用耐火极限不低于 3h 的防火隔墙与发电机间分隔；确需在防火隔墙上开门时，应设置甲级防火门。

参考 2《民用建筑电气设计标准》（GB 51348—2019）

第 6.1.10 条　储油设施的设置应符合下列规定：

2　机房内应设置储油间，其总储存量不应超过 $1m^3$，并应采取相应的防火措施；

参考 3《建筑防火通用规范》（GB 55037—2022）

4.1.5　附设在建筑内的燃油或燃气锅炉房、柴油发电机房，除应符合

本规范第 4.1.4 条的规定外，尚应符合下列规定:

2 建筑内单间储油间的燃油储存量不应大于 $1m^3$。油箱的通气管设置应满足防火要求，油箱的下部应设置防止油品流散的设施。储油间应采用耐火极限不低于 3h 的防火隔墙与发电机间、锅炉间分隔。

参考 4 《单位消防安全管理规范》(DB32/T 4444—2023)

7.3.5 用油安全管理应符合下列要求。

供民用建筑内使用的丙类液体燃料，其储罐布置在建筑外，当设置中间罐时，中间罐的容量不大于 $1m^3$，并设置在一、二级耐火等级的单独房间内，房间门采用甲级防火门。

燃油锅炉房、柴油发电机房内设置储油间时，其总储存量不大于 $1m^3$。

小结: 发电机房柴油储存量应根据适用的标准规范来确定。

问 48 柴油 1 吨以下，能否放在发电机附近？是否有强制标准要求？

具体问题: 危化企业，供电局需要配合停电两天。为确保安保负荷，租用发电机。发电机需要用到柴油。现在柴油又作为危化品。我们需要买 1 吨或 1 吨以下柴油临时存放备用。这个需要办理什么手续？主要我们平时用不到柴油，没有专用仓库放。可有什么好的建议？我们其他危化品不能和柴油混放。1t 以下，能否放在发电机附近。可有强制标准要求？

答: 关于柴油的存放，以下标准供参考。

参考 1 《建筑防火设计规范》(GB 50016—2014，2018 版)

5.4.13 布置在民用建筑内的柴油发电机房应符合下列规定:

1. 宜布置在首层或地下一、二层。

2. 不应布置在人员密集场所的上一层、下一层或贴邻。

3. 应采用耐火极限不低于 2h 的防火隔墙和 1.5h 的不燃性楼板与其他部位分隔，门应采用甲级防火门。

4. 机房内设置储油间时，其总储存量不应大于 $1m^3$，储油间应采用耐火极限不低于 3h 的防火隔墙与发电机间分隔；确需在防火隔墙上开门时，应设置甲级防火门。

5. 应设置火灾报警装置。

6. 应设置与柴油发电机容量和建筑规模相适应的灭火设施，当建筑内其他部位设置自动喷水灭火系统时，机房内应设置自动喷水灭火系统。

5.4.14　供建筑内使用的丙类液体燃料，其储罐应布置在建筑外，并符合下列规定：

1. 当总容量不大于 $15m^3$，且直埋于建筑附近、面向油罐一面 4.0m 范围内的建筑外墙为防火墙时，储罐与建筑的防火间距不限；

2. 当总容量大于 $15m^3$ 时，储罐的布置应符合本规范第 4.2 节的规定；

3. 当设置中间罐时，中间罐的容量不应大于 $1m^3$，并应设置在一、二级耐火等级的单独房间内，房间门应采用甲级防火门。

5.4.15　设置在建筑内的锅炉、柴油发电机，其燃料供给管道应符合下列规定：

1. 在进入建筑物前和设备间内的管道上均应设置自动和手动切断阀；

2. 储油间的油箱应密闭且应设置通向室外的通气管，通气管应设置带阻火器的呼吸阀，油箱的下部应设置防止油品流散的设施。

参考 2《火力发电企业生产安全设施配置》（DL/T 1123—2009）

第 5.8 条　柴油发电机安全设施

5.8.1　柴油发电机房门口应装设建筑物标志牌、“禁止烟火”禁止标志牌和“防火重点部位”文字标志牌。

5.8.2 柴油发电机房应装设固定的通风排气设施，柴油发电机周围0.8m处应标有安全警戒线。

5.8.5 二冲程柴油发电机扫气箱内应装设固定的二氧化碳或蒸汽灭火设备。

5.8.6 柴油发电机房内消防器材应按5.21.7的规定配备。

参考3 施工机械安全技术操作规程（第十六册 柴油发电机组）SLJJ1-16—1981，柴油发电机安全管理规定。

参考4 《建筑防火通用规范》（GB 55037—2022）

4.1.4 燃油或燃气锅炉、可燃油油浸变压器、充有可燃油的高压电容器和多油开关、柴油发电机房等独立建造的设备用房与民用建筑贴邻时，应采用防火墙分隔，且不应贴邻建筑中人员密集的场所。上述设备用房附设在建筑内时，应符合下列规定:

1. 当位于人员密集的场所的上一层、下一层或贴邻时，应采取防止设备用房的爆炸作用危及上二层、下一层或相邻场所的措施;

2. 设备用房的疏散门应直通室外或安全出口;

3. 设备用房应采用耐火极限不低于2h的防火隔墙和耐火极限不低于1.5h的不燃性楼板与其他部位分隔，防火隔墙上的门、窗应为甲级防火门、窗。

4.1.5 附设在建筑内的燃油或燃气锅炉房、柴油发电机房，除应符合本规范第4.1.4条的规定外，尚应符合下列规定:

1. 常（负）压燃油或燃气锅炉房不应位于地下二层及以下，位于屋顶的常（负）压燃气锅炉房与通向屋面的安全出口的最小水平距离不应小于6m；其他燃油或燃气锅炉房应位于建筑首层的靠外墙部位或地下一层的靠外侧部位，不应贴邻消防救援专用出入口、疏散楼梯（间）或人员的主要疏散通道。

2. 建筑内单间储油间的燃油储存量不应大于 1m^3。油箱的通气管设置应满足防火要求，油箱的下部应设置防止油品流散的设施。储油间应采用耐火极限不低于 3h 的防火隔墙与发电机间、锅炉间分隔。

3. 柴油机的排烟管、柴油机房的通风管、与储油间无关的电气线路等，不应穿过储油间。

4. 燃油或燃气管道在设备间内及进入建筑物前，应分别设置具有自动和手动关闭功能的切断阀。

小结：柴油的存放位置应在保障安全的前提下满足相关标准要求。

HEALTH SAFETY
ENVIRONMENT

第五章
消防泡沫灭火系统

详细解析泡沫灭火系统的类型、适用场景及工作机制，匹配火灾场景，掌握泡沫灭火的核心技术。

——华安

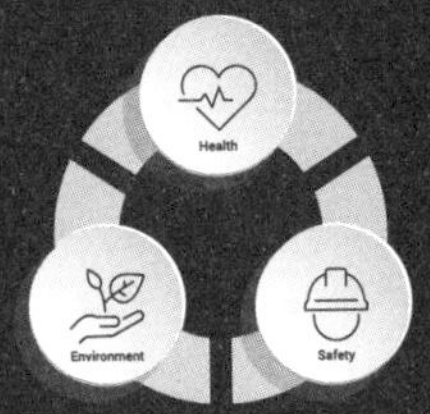

问49 化工企业甲苯储罐是否必须配备泡沫灭火系统?

答: 需要。

参考 《石油化工企业设计防火标准》(GB 50160—2008,2018年版)

8.7.2 下列场所应采用固定式泡沫灭火系统:

1. 甲、乙类和闪点等于或小于90℃的丙类可燃液体的固定顶罐及浮盘为易熔材料的内浮顶罐:

1)单罐容积等于或大于10000m³的非水溶性可燃液体储罐;

2)单罐容积等于或大于500m³的水溶性可燃液体储罐。

2. 甲、乙类和闪点等于或小于90℃的丙类可燃液体的浮顶罐及浮盘为非易熔材料的内浮顶罐:

1)单罐容积等于或大于50000m³的非水溶性可燃液体储罐;

2)单罐容积等于或大于1000m³的水溶性可燃液体储罐。

3. 移动消防设施不能进行有效保护的可燃液体储罐。

8.7.3 下列场所可采用移动式泡沫灭火系统:

1. 罐壁高度小于7m或容积等于或小于200m³的非水溶性可燃液体储罐;

2. 润滑油储罐;

3. 可燃液体地面流淌火灾、油池火灾。

8.7.4 除本标准第8.7.2条及第8.7.3条规定外的可燃液体罐宜采用半固定式泡沫灭火系统。

小结: 泡沫灭火系统按结构分类可分为固定式系统、半固定式系统和移动式系统有不同形式,应结合甲苯储罐结构型式、容量,选择适用的泡沫灭火系统。

问 50 甲醇与 MTBE（甲基叔丁基醚）储罐需用固定式泡沫灭火系统吗？

答：主要分为石油化工企业和石油库两类，是否需要设置固定式除考虑介质火灾危险性外，还需考虑储罐的型式和容积。

参考 1 《石油库设计规范》（GB 50074—2014）

12.1.4　储罐的泡沫灭火系统设置方式，应符合下列规定：

1）容量大于 500m³ 的水溶性液体地上立式储罐和容量大于 1000m³ 的其他甲$_B$、乙、丙$_A$类易燃、可燃液体地上立式储罐，应采用固定式泡沫灭火系统。

2）容量小于或等于 500m³ 的水溶性液体地上立式储罐和容量小于或等于 1000m³ 的其他易燃、可燃液体地上立式储罐，可采用半固定式泡沫灭火系统。

3）地上卧式储罐、覆土立式油罐、丙$_B$类液体立式储罐和容量不大于 200m³ 的地上储罐，可采用移动式泡沫灭火系统。

参考 2 《石油化工企业设计防火标准》（GB 50160—2008，2018 年版）

8.7.2　下列场所应采用固定式泡沫灭火系统：

1. 甲、乙类和闪点等于或小于 90℃的丙类可燃液体的固定顶罐及浮盘为易熔材料的内浮顶罐：

1）单罐容积等于或大于 10000m³ 的非水溶性可燃液体储罐；

2）单罐容积等于或大于 500m³ 的水溶性可燃液体储罐。

2. 甲、乙类和闪点等于或小于 90℃的丙类可燃液体的浮顶罐及浮盘为非易熔材料的内浮顶罐：

1）单罐容积等于或大于 50000m³ 的非水溶性可燃液体储罐；

2）单罐容积等于或大于 1000m³ 的水溶性可燃液体储罐。

3. 移动消防设施不能进行有效保护的可燃液体储罐。

小结： 甲醇与 MTBE 都是甲类物质，当甲醇储罐容量大于 500m³ 的地上立式储罐，应采用固定式泡沫灭火系统。MTBE 储罐容量大于 1000m³ 的地上立式固定顶储罐，采用易熔材料的内浮顶罐时，单罐容积等于或大于 10000m³；非易熔材料的内浮顶罐容积等于或大于 50000m³ 时，应采用固定式泡沫灭火系统。

问 51 有规范要求消防泡沫罐必须加液位计吗？

答： 常压泡沫液储罐应加液位计。

参考《泡沫灭火系统技术标准》（GB 50151—2021）

3.5.2 常压泡沫液储罐应符合下列规定：

5）储罐上应设出液口、液位计、进料孔、排渣孔、人孔、取样口。

小结： 液位计是泡沫液储罐应该具备的最基本附件，用于安全检查中核对泡沫液的储量是否满足要求。

问 52 固定式泡沫灭火系统出泡沫时间有没有规范要求？把手动阀改电动阀是否可行？

答： 有要求，固定式泡沫灭火系统的设计应满足自泡沫消防水泵启动至泡沫混合液或泡沫输送到保护对象的时间不大于 5min。将进罐区泡沫混合液管线上的手动阀改为电动阀效果更好，减少现场管理，能及时处理异常情况，如一级石油库明确要求消防系统的控制阀门除应能在现场操作外，尚应能在控制室进行控制和显示状态。同时，手动改为电动阀要慎重设置电动阀的自动联锁，必须经人工确认事故状态后再远程开启，以免造成误喷。

参考1《泡沫灭火系统技术标准》（GB 50151—2021）

4.1.11　固定式系统的设计应满足自泡沫消防水泵启动至泡沫混合液或泡沫输送到保护对象的时间不大于5min的要求。

参考2《石油化工企业设计防火标准》（GB 50160—2008，2018年版）

8.7.5　泡沫灭火系统控制方式应符合下列规定：

1）单罐容积等于或大于20000m³的固定顶罐及浮盘为易熔材料的内浮顶罐应采用远程手动启动的程序控制；

2）单罐容积等于或大于100000m³的浮顶罐及内浮顶罐应采用远程手动启动的程序控制；

3）单罐容积等于或大于50000m³并小于100000m³的浮顶罐及内浮顶罐宜采用远程手动启动的程序控制。

参考3《石油库设计规范》（GB 50074—2014）

12.3.3　容量大于或等于50000m³的外浮顶储罐的泡沫灭火系统，应采用自动控制方式。

15.1.7　一级石油库的重要工艺机泵、消防泵、储罐搅拌器等电动设备和控制阀门除应能在现场操作外，尚应能在控制室进行控制和显示状态。二级石油库的重要工艺机泵、消防泵、储罐搅拌器等电动设备和控制阀门除应能在现场操作外，尚宜能在控制室进行控制和显示状态。

参考4《消防给水及消火栓系统技术规范》（GB 50974—2014）

11.0.3　消防水泵应保证在火灾发生后规定的时间内正常工作，从接到启泵信号到水泵正常运转的时间，当为自动启动时应在2min内正常工作。

11.0.12　消防水泵控制柜应设置手动机械启泵功能，并应保证在控制柜内的控制线路发生故障时由有管理权限的人员在紧急时启动消防水泵。

手动时应在报警 5min 内正常工作。

小结：固定式泡沫灭火系统的设计应满足自泡沫消防水泵启动至泡沫混合液或泡沫输送到保护对象的时间不大于 5min。

罐区泡沫混合液管线上的手动阀是否改为电动阀，应综合考虑保护对象的火灾危险性、后果严重程度，储罐的类型以及事故状态的应急操作等多方面因素。

问 53 老固定顶甲醇储罐上泡沫发生器是横式的，可以吗？有要求必须用竖式吗？

答：《泡沫灭火系统技术标准》（GB 50151—2021）实施以前的储罐，是否需要更换竖式泡沫发生器，应根据地方监管部门要求执行；在储罐进行新改扩建工程、重大维修作业时，将横式泡沫发生器改为竖式泡沫发生器。

储罐泡沫发生器采用横式安装还是立式安装，主要考虑的是泡沫发生器在火灾情况下的受力情况。固定顶和内浮顶储罐采用横式泡沫发生器，为了保证发泡时间在发生器与入罐口之间，要求有不小于一米的横管，不然无法保证泡沫发生时间，这个横管在储罐罐顶发生移位或变形时会产生力矩的作用，将泡沫发生器损坏，因此，新规范要求将横式泡沫发生器改为立式，垂直安装受力形式比横式安装更合理。

参考 1 《泡沫灭火系统技术标准》（GB 50151—2021）

1.0.2 本标准适用于新建、改建、扩建工程中设置的泡沫灭火系统的设计、施工、验收及维护管理。

3.6.1 固定顶储罐、内浮顶储罐应选用立式泡沫产生器。

参考 2 作废的《泡沫灭火系统技术标准》（GB 50151—2010）

3.6.1　低倍数泡沫产生器应符合下列规定设置：固定顶储罐、按固定顶储罐对待的内浮顶储罐，宜选用立式泡沫产生器。

【条文说明】本条对低倍数泡沫产生器作了具体规定。固定顶储罐与按固定顶储罐防护的内浮顶储罐发生火灾时多伴有罐顶整体或局部破坏，安装在罐壁顶部的横式泡沫产生器由于受力条件不佳及进口连接脆弱而往往被拉断，选用立式泡沫产生器可降低这一风险。

小结： 新建、改建、扩建工程中设置的泡沫灭火系统的设计应按照《泡沫灭火系统技术标准》(GB 50151—2021）的要求执行；符合《泡沫灭火系统技术标准》(GB 50151—2010）设计的老罐改造进行风险评估和满足属地监管部门的要求。

问 54　消防泡沫的发泡倍数在工艺上是由浓度决定还是由种类决定？

答： 主要以种类为主。

参考 1《泡沫灭火系统技术标准》(GB 50151—2021)

3.2.1　非水溶性甲乙丙类液体储罐固定式低倍数泡沫灭火系统应选用3%型氟蛋白或水成膜泡沫液。

3.4　发泡倍数　泡沫体积与构成该泡沫的泡沫溶液体积的比值。

3.5　低倍数泡沫液　适宜于产生发泡倍数为1～20倍泡沫的泡沫液。

3.6　中倍泡沫液　适宜于产生发泡倍数为21～200倍泡沫的泡沫液。

3.7　高倍泡沫液　适宜于产生发泡倍数为201倍以上泡沫的泡沫液。

参考 2《消防设施通用规范》(GB 55036—2022)

5.0.2　保护场所中所用泡沫液应与灭火系统的类型、扑救的可燃物性质、供水水质等相适应，并应符合下列规定：

1）用于扑救非水溶性可燃液体储罐火灾的固定式低倍数泡沫灭火系统，应使用氟蛋白或水成膜泡沫液；

2）用于扑救水溶性和对普通泡沫有破坏作用的可燃液体火灾的低倍数泡沫灭火系统，应使用抗溶水成膜、抗溶氟蛋白或低黏度抗溶氟蛋白泡沫液；

3）采用非吸气型喷射装置扑救非水溶性可燃液体火灾的泡沫 - 水喷淋系统、泡沫枪系统、泡沫炮系统，应使用 3% 型水成膜泡沫液。

小结：消防泡沫发泡倍数和泡沫液成分、温度、压力等因素有关。其次是根据介质选择泡沫液种类。主要以种类为主，比如低倍数泡沫分 3% 型、6% 型，中倍数与高倍数泡沫也有 3% 型、6% 型等。

问 55 对消防站泡沫液更换周期和储存有什么要求?

答：消防站泡沫液更换周期和储存应根据泡沫液类型确定。

扑救化工行业火灾为主的消防站通常配备低倍数泡沫液，低倍数泡沫液包括蛋白泡沫液、水成膜泡沫液、抗溶泡沫液等，不同类型泡沫液更换周期不同。

参考 1 《泡沫灭火剂》(GB 15308—2006)

7.3 运输和储存

泡沫灭火剂应储存在通风、阴凉处，储存温度应低于 45℃，高于其最低使用温度。按本标准的储存条件或生产厂提出的储存条件要求储存，泡沫液的储存期为：

AFFF8 年；

S、中、高倍泡沫液 3 年；

P、P/AR、FP、FP/AR、AFFF/AR、S/AR、FFFP、FFFP/AR、灭火器

用灭火剂 2 年。

储存期内，产品的性能应符合本标准的要求，超过储存期的产品，每年应进行灭火性能检验，以确定产品是否有效。

参考 2《A 类泡沫灭火剂》（GB 27897—2011）

8.3　运输和储存

A 类泡沫灭火剂应储存在通风、阴凉处，储存温度应低于 45℃，高于其最低使用温度。按本标准规定的储存条件或生产厂提出的储存条件要求储存。泡沫液储存期为 3 年，储存期内，产品的性能应符合本标准的要求。超过储存期的产品，每年应进行性能试验，以确定产品是否有效。

参考 3　依据《泡沫灭火系统技术标准》（GB 50151—2021）

11.0.13　应定期对泡沫灭火剂进行试验，发现失效应及时更换，试验要求应符合下列规定:

1）保质期不大于两年的泡沫液，应每年进行一次泡沫性能检验；

2）保质期在两年以上的泡沫液，应每两年进行一次泡沫性能检验。

小结：通常抗溶泡沫液储存有效使用年限为 2 年，水成膜泡沫液有效使用年限为 8 年，其他类型泡沫液有效使用年限一般为 3 年，具体还应参考生产厂商提供的产品技术说明书。储存在通风、阴凉处，温度高于 0℃、低于 45℃。

问 56　消防泡沫要求 100% 备用出自什么规范或文件？

答：出自 GB 50074—2014。

参考《石油库设计规范》（GB 50074—2014）

12.3.7　泡沫液储备量应在计算的基础上增加不少于 100% 的富余量。

问 57 对消防泡沫液检验单位资质有哪些要求?

答：关于泡沫液检测，对检测单位资质没有明确的具体要求。目前最普遍的做法是，泡沫液到期后直接更换，如果需要定期检测，一般采样后送至原厂家检测检验。检验的主要内容是发泡性能和灭火性能等，包括发泡倍数是否符合、析液时间是否满足、灭火时间和抗烧时间是否可靠、pH 值、密度、可能的成分分析等。如果是第三方机构，其实验室必须取得相应认证证书，如 CNAS 实验室认可等相关证书。

CNAS 资质认定则属于机构的自愿行为，非强制性要求，CNAS 由中国合格评定国家认可委员会直接对检测机构进行考核。

检验单位按照《检测和校准实验室能力认可准则》（CNAS-CL01）获得 CNAS 实验室资质认可。

第六章

消防自动报警和自动灭火系统

探究智能感应与自动灭火组件的联动逻辑，做好维护调试，确保系统高效运行。

——华安

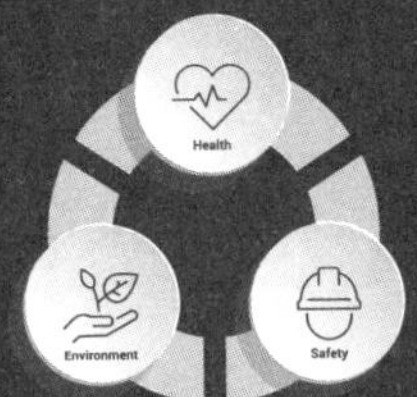

问 58 化工企业可燃、有毒气体报警信号必须接入火灾报警控制器吗?

答: 视情况而定。该问题可从有毒气体、可燃气体信号两方面进行回答。原因如下:

1. 有毒气体报警信号不应接入火灾报警控制器，因该类信号与火灾报警信号无关，不需要接入火灾报警系统，应独立于其他系统单独设置。

2. 可燃气体报警信号一般情况下不应接入火灾报警控制器，当可燃气体探测器参与消防联动时，方可接入火灾报警控制器。

3. 接入要求: 可燃气体探测器不应接入火灾报警控制器的探测器回路，应由可燃气体报警控制器接入。

参考 1 《石油化工可燃气体和有毒气体检测报警设计标准》(GB/T 50493—2019)

3.0.8 可燃气体和有毒气体检测报警系统应独立于其他系统单独设置。

5.1.1 可燃气体和有毒气体检测报警系统应由可燃气体或有毒气体探测器、现场警报器、报警控制单元等组成。

5.1.2 可燃气体探测器不能直接接入火灾报警控制器的输入回路。

5.4.3 可燃气体探测器参与消防联动时，探测器信号应先送至按专用可燃气体报警控制器产品标准制造并取得检测报告的专用可燃气体报警控制器，报警信号应由专用可燃气体报警控制器输出至消防控制室的火灾报警控制器。可燃气体报警信号与火灾报警信号在火灾报警控制系统中应有明显区别。

参考 2 《火灾自动报警系统设计规范》(GB 50116—2013)

8.1.2 可燃气体探测报警系统应独立组成，可燃气体探测器不应接入火灾报警控制系统的检测回路；当可燃气体的报警信号需接入火灾自动报警系统时，应由可燃气体报警控制器接入。

8.1.3　石化行业涉及过程控制的可燃气体探测器，可按现行国家标准《石油化工可燃气体和有毒气体检测报警设计规范》GB/T 50493 有关规定设置，但其可燃气体探测器报警信号应接入消防控制室。

8.1.6　可燃气体探测报警系统保护区域内有联动和警报要求时，应由可燃气体报警控制器或消防联动控制器联动实现。

小结： 1. 有毒气体报警系统应独立于其他系统单独设置，探测信号不得接入火灾报警控制器；

2. 可燃气体报警系统一般情况下应独立于其他系统单独设置；只有在可燃气体探测器参与消防联动时，方可接入火灾报警控制器，并且应由可燃气体报警控制器接入，不得直接接入火灾报警控制系统的检测回路。

问 59　火灾报警控制器需要接入 DCS（分布式控制系统）吗？

答： 没有规范明确要求火灾报警控制器的信号必须接入 DCS 内。

火灾报警控制器通常也无需接入 DCS，以保证火灾报警系统的独立性和可靠性，避免 DCS 故障影响火灾报警功能。

如特殊情况需接入，应经相关部门及专家充分评估论证后，采取措施确保可靠性。如设置独立通信通道和电源，或采用网关等设备实现数据单向传输，防止 DCS 对火灾报警控制器的干扰和影响，同时满足消防法规和标准对火灾报警系统的性能要求 。

小结： 这个问题应该分成两句话说：火灾自动报警系统和 DCS 分别独立设置，火灾自动报警系统的火灾报警控制器的信号是否必须接入 DCS，规范没有明确要求。火灾报警控制器的信号不能直接接入 DCS，可能还需要比如 PLC（可编程逻辑控制器）把信号传输到 DCS。

问 60 若企业没有火灾报警控制系统等消防设施及消防控制室，可燃及有毒等检测报警系统控制单元的故障信号应送至哪里？

答：为保证生产和操作人员的安全，在正常运行时人员不得进入的危险场所，探测器应对可燃气体和有毒气体释放源进行连续检测、指示、报警，并对报警进行记录或打印，以便随时观察发展趋势和留作档案资料。

通常情况下，生产设施或储运设施的控制室、现场操作室是操作人员常驻和能够采取措施的场所。现场发生可燃气体和有毒气体泄漏事故时，报警信号发送至操作人员常驻的控制室、现场操作室等进行报警，这有利于控制室、现场操作室的操作人员及时发现并采取措施。当企业设置气防控制部门时，有毒气体第二级报警信号需送至气防管理部门显示装置和相关监管控制单元。

参考《火灾自动报警系统设计规范》(GB 50116—2013)

8.3.1　当有消防控制室时，可燃气体报警控制器可设置在保护区域附近；当无消防控制室时，可燃气体报警控制器应设置在有人值班的场所。

小结：若企业不涉及火灾报警控制系统等消防设施及消防控制室，可燃气体二级报警信号、可燃气体及有毒气体检测报警系统报警控制单元的故障信号不需送至消防控制室。当企业设置气防控制部门时，有毒气体第二级报警信号需送至气防管理部门显示装置和相关监管控制单元。

问 61 化工企业消防控制室可与 DCS 控制室功能间合用吗？

答：可以。

化工企业一旦发生火灾，不单纯是投入资源实施灭火，还要生产运行方面的控制，只有消防控制与生产调度指挥有机结合，值班人员有条件及时了解掌握火灾情况，才能有效灭火并实现损失最小化。因此，与其他常规民用建筑不同，化工企业的消防控制室所在位置由单元控制室决定，消防控制与生产控制若合为一体，更符合石化企业的实际，也是国际上的普遍做法。

参考1 《石油化工企业设计防火标准》(GB 50160—2008，2018年版)

8.12.3　火灾自动报警系统的设计应符合下列规定：7）全厂性消防控制中心宜设置在中央控制室或生产调度中心，宜配置可显示全厂消防报警平面图的终端。

参考2 《精细化工企业工程设计防火标准》(GB 51283—2020)

11.5.1　企业应按现行国家标准《火灾自动报警系统设计规范》(GB 50116)、《石油化工企业设计防火标准》(GB 50160) 等的规定设置火灾自动报警系统。

小结： 结合石化企业固有生产特点，从功能设置及集约化考虑，石化企业消防控制室宜与DCS控制室设置在同一房内，但应注意，消防控制设备应与其他设备间有明显间隔，安装位置应便于操作人员监控。

问62　消防控制室2人24小时值班出自哪个规范?

答：《消防安全责任制实施办法》(国办发〔2017〕87号)、《人员密集场所消防安全管理》(GB/T 40248—2021)、《消防控制室通用技术要求》(GB 25506—2010)、《建筑消防设施的维护管理》(GB 25201—2010) 等均有要求。

参考1 《消防安全责任制实施办法》（国办发〔2017〕87号）

第十五条 机关、团体、企业、事业等单位应当落实消防安全主体责任，履行下列职责：(三）按照相关标准配备消防设施、器材，设置消防安全标志，定期检验维修，对建筑消防设施每年至少进行一次全面检测，确保完好有效。设有消防控制室，实行24小时值班制度，每班不少于2人，并持证上岗。

参考2 《人员密集场所消防安全管理》（GB/T 40248—2021）

7.6.10 消防控制室管理应明确值班人员的职责，制订并落实24小时值班制度（每班不应少于2人）和交接班的程序、要求以及设备自检、巡检的程序、要求。值班人员应持证上岗。

参考3 《消防控制室通用技术要求》（GB 25506—2010）

4.2.1 消防控制室管理应符合下列要求：应实行每日24 h专人值班制度，每班不应少于2人，值班人员应持有消防控制室操作职业资格证书。

参考4 《建筑消防设施的维护管理》（GB 25201—2010）

5.2 消防控制室值班时间和人员应符合以下要求：

a）实行每日24h值班制度。值班人员应通过消防行业特有工种职业技能鉴定。持有初级技能以上等级的职业资格证书。

b）每班工作时间应不大于8h。每班人员应不少于2人。值班人员对火灾报警控制器进行检查、接班、交班时，应填写《消防控制室值班记录表》的相关内容。值班期间每2h记录一次消防控制室内消防设备的运行情况，及时记录消防控制室内消防设备的火警或故障情况。

小结：《消防控制室通用技术要求》等明确规定消防控制室，实行24小时值班制度，每班不少于2人，并持证上岗。

问 63 消防控制阀远程控制的消防控制系统必须要通过 CCCF（中国消防产品认证）吗？

答： 没有强制要求必须通过 CCCF。根据国家认证认可监督管理委员会 2019 年发布《市场监管总局应急管理部关于取消部分消防产品强制性认证的公告》（公告〔2019〕36 号），对部分消防产品取消强制性产品认证，其中包括：消防联动控制系统产品。

参考 《市场监管总局应急管理部关于取消部分消防产品强制性认证的公告》（公告〔2019〕36 号）附件：取消火灾报警产品（产品代码 1801）中的线型感温火灾探测器产品、消防联动控制系统产品、防火卷帘控制器产品和城市消防远程监控产品的强制性产品认证。

小结： 消防控制阀类控制系统产品不需要通过 CCCF。

问 64 监控操作设有联动控制设备的消防控制室，应持注册消防工程师执业资格及以上等级证书，依据是什么？

答： 监控、操作设有联动控制设备的消防控制室和从事消防设施检测维修保养的人员，应持中级（四级）及以上等级证书，并没有要求一定要取得注册消防工程师资格。大型商业综合体的消防安全管理人需要有注册消防工程师资格，对建筑高度超过 100 米的高层公共建筑，鼓励有关单位聘用相应级别的注册消防工程师或者相关工程类中级及以上专业技术职务的人员担任消防安全管理人。

参考 《消防救援局关于贯彻实施国家职业技能标准〈消防设施操作员〉的通知》（应急消〔2019〕154 号）

第二条　准确把握要求，做好实施准备。《标准》实施后，依据原《建

(构) 筑物消防员》职业技能标准考核取得的国家职业资格证书依然有效，与同等级相应职业方向的《消防设施操作员》证书通用。

持初级（五级）证书的人员可监控、操作不具备联动控制功能的区域火灾自动报警系统及其他消防设施；监控、操作设有联动控制设备的消防控制室和从事消防设施检测维修保养的人员，应持中级（四级）及以上等级证书。

小结：设有联动控制设备的消防控制室应持《消防设施操作员》中级（四级）及以上等级证书，并没有要求一定要取得注册消防工程师资格。《消防安全责任制实施办法》国办发〔2017〕87号、《消防控制室通用技术要求》GB 25506—2010、《建筑消防设施的维护管理》(GB 25201—2010) 等均有要求。

问 65 无人值守仪控机柜间需要设置自动气体灭火设施吗？

答：目前无强制要求，可视情况而定。对于有人工厂、站场，无人值守仪控机柜间可不设置自动气体灭火设施；本身机柜间不能用水灭火，采用气体灭火比较理想，对于无人常驻站场，各类仪控机柜间设置自动气体灭火设施，是具有必要性的。

参考 《石油化工企业设计防火标准》(GB 50160—2008，2018年版)

8.11.3 控制室、机柜间、变配电所的消防设施应符合下列规定：

1. 建筑物的耐火等级、防火分区、内部装修及空调系统设计等应符合国家相关规范的有关规定；

2. 应设置火灾自动报警系统，且报警信号盘应设在24h有人值班场所；

3. 当电缆沟进口处有可能形成可燃气体积聚时，应设可燃气体报警器；

4. 应按现行国家标准《建筑灭火器配置设计规范》（GB 50140）的要求设置手提式和推车式气体灭火器。

8.11.3　条文说明　石油化工企业控制室、机柜间、变配电所与一般计算机房相比具有其特殊性，不要求设置固定自动气体灭火装置。理由如下：

1）石油化工厂控制室24h有人值班，出现火情，值班人员能及时发现，尽快扑救。

2）各建筑物均按照国家有关规范要求设有火灾自动报警系统，如变配电所、机柜间和电缆夹层等空间发生火情，火灾探测系统能及时向24h有人值班的场所报警，使相关人员及时采取措施。

3）固定的气体灭火设施一旦启动，需要控制室内值班人员立即撤离，可能导致装置控制系统因无人监护而瘫痪，引发二次火灾或造成更大事故。

小结：石油化工企业控制室、机柜间、变配电所具有特殊性，对于有人工厂、站场，无人值守仪控机柜间可不设置自动气体灭火设施；对于无人常驻站场，各类仪控机柜间设置自动气体灭火设施，是具有必要性的。

问 66 码头消防炮设置喷淋（水幕）的依据规范是什么？

答：主要依据如下：

参考1 《油气化工码头设计防火规范》（JTS 158—2019）

7.2.11.2　消防炮塔应自带水幕保护装置，每座消防炮塔水幕的总流量不应小于10L/s；带消防炮的登船梯水幕总流量不应小于5L/s。

7.2.10　油气化工码头下列位置应设置水幕（雾）设置，其中包括登船梯前侧工作区域和梯顶设有消防炮的平台区域。

7.5.2.7 消防炮塔和带有消防炮的登船梯应设保护水幕。

参考 2 《液化天然气码头设计规范》(JTS 165-5—2021)

9.2.5 操作平台前沿、登船梯前侧和消防炮塔应设置水幕系统。

参考 3 《固定消防炮灭火系统设计规范》(GB 50338—2003)

5.7 消防炮塔

5.7.3 室外安装的消防炮塔一般离火场较近，且易受到自然灾害的影响，为了便于操作使用，保证人员安全，应设置避雷装置和防护栏杆，以减少火灾和雷击等对炮塔本身及安装在炮塔上的设备的损害，同时还需设置自身保护的水幕装置。

综上，前两个规范都要求设置固定式远程消防炮，因此，消防炮一般都设在炮塔上，规范均要求水幕设置在消防炮塔的平台上。一般码头操作平台上设置的炮塔有一个炮塔可以设置在登船梯上，所以，登船梯平台上设有炮的那层平台也要求设置水幕。

问 67 储存少量乙醇和常见酸碱的危险化学品库安装烟感还是温感好?

答: 建议用感温探测器；也可采用感温火灾探测器和火焰探测器组合。

一方面由于乙醇是醇类，乙醇燃烧产生的烟比较少，不宜采用点型号感烟探测器。其次，酸碱危险化学品库，酸碱会产生水雾滞留，如果采用感烟探测器，容易导致误报警，因此，不适合用感烟探测器。

参考 《火灾自动报警系统设计规范》(GB 50116—2013)

5.1.1 火灾探测器的选择应符合下列规定:

1）对火灾初期有阴燃阶段，产生大量的烟和少量的热，很少或没有火焰辐射的场所，应选择感烟火灾探测器。

2）对火灾发展迅速，可产生大量热、烟和火焰辐射的场所，可选择感温火灾探测器、感烟火灾探测器、火焰探测器或其组合。

3）对火灾发展迅速，有强烈的火焰辐射和少量烟、热的场所，应选择火焰探测器。

4）对火灾初期有阴燃阶段，且需要早期探测的场所，宜增设一氧化碳火灾探测器。

5）对使用、生产可燃气体或可燃蒸气的场所，应选择可燃气体探测器。

6）应根据保护场所可能发生火灾的部位和燃烧材料的分析，以及火灾探测器的类型、灵敏度和响应时间等选择相应的火灾探测器，对火灾形成特征不可预料的场所，可根据模拟试验的结果选择火灾探测器。

7）同一探测区域内设置多个火灾探测器时，可选择具有复合判断火灾功能的火灾探测器和火灾报警控制器。

5.2.3　符合下列条件之一的场所，不宜选择点型离子感烟火灾探测器：

1）相对湿度经常大于95%。

2）气流速度大于5m/s。

3）有大量粉尘、水雾滞留。

4）可能产生腐蚀性气体。

5）在正常情况下有烟滞留。

6）产生醇类、醚类、酮类等有机物质。

5.2.4　符合下列条件之一的场所，不宜选择点型光电感烟火灾探测器：有大量粉尘、水雾滞留；可能产生蒸气和油雾；高海拔地区；在正常情况下有烟滞留。

5.2.5　符合下列条件之一的场所，宜选择点型感温火灾探测器；且应根据使用场所的典型应用温度和最高应用温度选择适当类别的感温火灾探测器：

1）相对湿度经常大于95%。

2）可能发生无烟火灾。

3）有大量粉尘。

4）吸烟室等在正常情况下有烟或蒸气滞留的场所。

5）厨房、锅炉房、发电机房、烘干车间等不宜安装感烟火灾探测器的场所。

6）需要联动熄灭“安全出口”标志灯的安全出口内侧。

7）其他无人滞留且不适合安装感烟火灾探测器，但发生火灾时需要及时报警的场所。

5.2.7 符合下列条件之一的场所，宜选择点型火焰探测器或图像型火焰探测器：

1）火灾时有强烈的火焰辐射。

2）可能发生液体燃烧等无阴燃阶段的火灾。

3）需要对火焰做出快速反应。

小结： 建议采用感温火灾探测器和火焰探测器组合，具体采用什么类型需要根据储存物质的火灾燃烧过程的特性根据《火灾自动报警系统设计规范》（GB 50116—2013）来确定。

问 68 工厂火灾自动报警系统的设置原则应如何把握？

具体问题：根据《建筑防火通用规范》（GB 55037—2022）第8.3.1的规定，明确只有丙类高层或地下厂房和仓库，需要设置火灾自动报警系统。并废除了《石化规》8.12.1的强条属性。一般的化工园区的小型化工企业很少涉及上述建筑，也就是说可以不设置火灾自动报警系统，作为传统的火灾危险重点行业，这很明显不符合化工企业的行业特点，但也没有强制性的规范作为依据。那么工厂火灾自动报警系统的设置原则应如何把握?

答： 火灾自动报警系统一般设置在工业与民用建筑内部和其他可对生命和财产造成危害的火灾危险场所，可用于人员居住和经常有人滞留的场所、存放重要物资或燃烧后产生严重污染需要及时报警的场所。《建筑设计防火规范》8.4.1 条（强条）对建筑物或场所应设置火灾自动报警系统的场所进行了规定。

有部分规范规定了局部区域的火灾自动报警系统的设置要求，但全厂没有明确的规定，也没有强条：

参考 1 《控制室设计规范》(HG/T 20508—2014)

3.9.1　控制室内应设置火灾自动报警装置，并应符合现行国家标准《火灾自动报警系统设计规范》(GB 50116）的规定。

参考 2 《石油化工企业设计防火标准》(GB 50160—2008，2018 年版)

8.12.3　火灾自动报警系统的设计应符合下列规定：1 生产区、公用及辅助生产设施、全厂性重要设施和区域性重要设施等火灾危险性场所应设置区域性火灾自动报警系统;

8.12.4　甲、乙类装置区周围和罐组四周道路边应设置手动火灾报警按钮，其间距不宜大于 100m。

参考 3 《石油化工电信设计规范》(SH/T 3153—2021)

12.3.1.4　企业的火灾自动报警系统应设置在以下场所:

a）有火灾和爆炸危险的生产区;

b）需要对自动消防系统或相关系统设备联动控制的场所;

c）GB 50116、GB 50160、GB 50074 和 GB 50016 规定设置火灾自动报警系统的场所;

d）生产和管理需要设置火灾自动报警系统的场所。

HEALTH. SAFETY
ENVIRONMENT

第七章

灭火器

全面了解各类灭火器特性，熟练掌握选型、使用与维护方法，有效应对初期火灾。

——华安

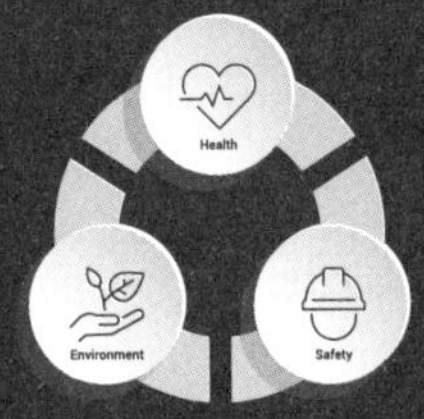

问 69 叉车是否需要配灭火器？

答： 没有强制要求。

目前无具体规范明确要求叉车必须配灭火器。用户应从安全和防火的角度考虑，根据叉车的使用环境和风险评估结果，决定是否需配置灭火器。

参考 《工业车辆 使用、操作与维护安全规范》（GB/T 36507—2023）

4.1.4 用户应根据工业车辆的使用情况在其使用场所内采取适当的防火措施，并根据工业车辆的使用环境在工业车辆上采取附加的防火措施和设施。

小结： 没有强制要求，建议设置。

问 70 常用二氧化碳灭火器，内部二氧化碳是液态还是固态的？

答： 液态。

二氧化碳灭火器里面是加压后液化的二氧化碳液体，二氧化碳灭火器钢瓶属于压力容器。

小结： 二氧化碳灭火器内部是液态二氧化碳。

问 71 灭火器可以直接放在地面上吗？需要设置底座吗？

答： 可以。

若直接放置在地面，建议放在洁净、干燥的地面上，且设计定位固定相对位置。依据如下：

参考1《建筑灭火器配置验收及检查规范》（GB 50444—2008）

3.2.1　手提式灭火器宜设置在灭火器箱内或挂钩、托架上。对于环境干燥、洁净的场所，手提式灭火器可直接放置在地面上。

参考2　设置要求可参考《建筑灭火器配置设计规范》（GB 50140—2005）

5.1.3　灭火器的摆放应稳固，其铭牌应朝外。手提式灭火器宜设置在灭火器箱内或挂钩、托架上，其顶部离地面高度不应大于 1.50 m；底部离地面高度不宜小于 0.08 m。灭火器箱不得上锁。

5.1.3　条文说明：建筑灭火器的设置方式主要有墙式灭火器箱、落地式灭火器箱、挂钩、托架或直接放置在洁净、干燥的地面上等几种；本规范不提倡将灭火器直接放置在地面上，推荐将灭火器放置在灭火器箱内；其中，设置在墙式灭火器箱内和挂钩、托架上的灭火器的位置是相对固定的；而设置在落地式灭火器箱内和直接放置在地面上的灭火器则亦需设计定位；既要保证灭火器的设置位置能达到本规范关于保护距离的规定，又便于人们在紧急状况下能快速地到熟知的灭火器设置点取得灭火器。

小结：灭火器可以直接放到干燥、洁净的地面。

问 72　重点区域灭火器要求半个月检查一次是依据哪个标准？

答：主要参考如下：

参考《建筑灭火器配置验收及检查规范》（GB 50444—2008）

5.2.2　下列场所配置的灭火器，应按附录 C 的要求每半月进行一次检查。

1）候车（机、船）室、歌舞娱乐放映游艺等人员密集的公共场所；

2）堆场、罐区、石油化工装置区、加油站、锅炉房、地下室等场所。

小结：按照《建筑灭火器配置验收及检查规范》（GB 50444—2008）重点区域灭火器要求半个月检查一次。

问 73 固定式消火栓三年未检查、部分干粉灭火器过期，应如何处罚？

答：参考《中华人民共和国消防法》

第十六条　机关、团体、企业、事业等单位应当履行下列消防安全职责：（二）按照国家标准、行业标准配置消防设施、器材，设置消防安全标志，并定期组织检验、维修，确保完好有效。

第六十七条　机关、团体、企业、事业等单位违反本法第十六条、第十七条、第十八条、第二十一条第二款规定的，责令限期改正；逾期不改正的，对其直接负责的主管人员和其他直接责任人员依法给予处分或者给予警告处罚。

第六十条　单位违反本法规定，有下列行为之一的，责令改正，处五千元以上五万元以下罚款：（七）对火灾隐患经消防救援机构通知后不及时采取措施消除的。

小结：责令限期改正。逾期不改，处五千元以上五万元以下罚款。

问 74 请问干粉灭火器的有效期是几年？

答：相关参考如下：

参考《消防设施通用规范》(GB 55036—2022)

10.0.7　灭火器应定期维护、维修和报废。灭火器报废后，应按照等效替代的原则更换。

10.0.8　干粉灭火器最大报废年限为 10 年。

小结：干粉灭火器的报废期限为 10 年。

HEALTH SAFETY
ENVIRONMENT

第八章

消防管理

健全消防管理制度，明确各方职责，强化日常监管，构建消防安全长效管理机制。

——华安

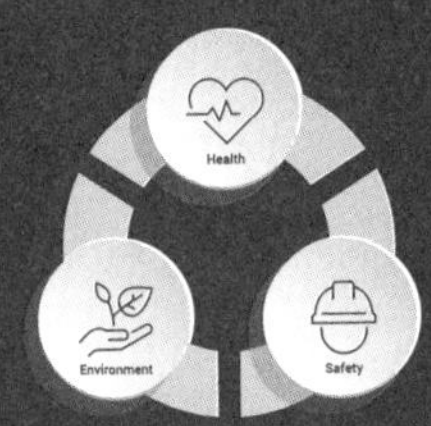

问 75 目前《建筑防火通用规范》(GB 55037—2022)已实施，部分检查出的问题在新规范中已被废止，那么这些问题还需要整改吗？

答：视情况而定。

规范编制人住建部建设工程消防标准化技术委员会副主任委员倪照鹏的规范解读：规范与现行技术标准的关系：在相关标准修订的衔接阶段，只删除其强制性。当原标准条文与规范不重复、不矛盾或不低于规范规定时，保留原条文，但为推荐性条文；当原标准条文与规范条文重复时，在修订相关技术标准时直接引用通用规范或删除；当规范条文为多条原标准条文改造而来时，原条文应改造为实现规范要求的技术措施和技术要求，并为推荐性条文；当原条文与规范矛盾、不一致或低于规范规定时，原条文废止。各类技术标准均将逐步修订，以实现与规范的衔接。

小结：新规范只是废止了条款的强制性，条款要求内容没有废止。文中所说的部分检查出问题应该属于非强制性的问题，在标准中如果带有"严禁""必须""应""不应""不得"要求的，仍需继续整改，其他采用"宜"，或"不宜"允许稍有选择，但在条件许可时，仍需整改。

问 76 《易燃易爆化学物品消防安全监督管理办法》被哪个文件替代了？

答：被"中华人民共和国公安部令第64号——废止《易燃易爆化学物品消防安全监督管理办法》"废止，目前无替代法规。相关内容在其他的规范性文件的体现。

问 77 企业建立重点单位消防安全责任公示牌出自什么规范?

答: 出自《国务院安委会办公室关于开展“防风险保平安迎大庆”消防安全执法检查专项行动的通知》(安委办〔2019〕7 号) 要求。

参考《国务院安委会办公室关于开展“防风险保平安迎大庆”消防安全执法检查专项行动的通知》(安委办〔2019〕7 号)

11　类场所针对存在的九类消防安全风险开展“三自主两公开一承诺”工作。

三自主：自主评估风险、自主检查安全、自主整改隐患;

两公开：向社会公开消防安全责任人、管理人;

一承诺：承诺本场所不存在突出风险或已落实防范措施。

小结:《国务院安委会办公室关于开展“防风险保平安迎大庆”消防安全执法检查专项行动的通知》(安委办〔2019〕7 号) 要求重点单位消防安全责任公示。

问 78 未按规定配备消防车属于重大事故隐患吗?

具体问题: 化工企业未按规定配备大型泡沫消防车、干粉或干粉 - 泡沫联用车，遥控移动消防炮等消防设施，属于重大事故隐患吗?

答: 不属于。

参考 1《化工和危险化学品生产经营单位重大生产安全事故隐患判定标准(试行)》(安监总管三〔2017〕121 号)

该文件规定了二十类情形应当判定为重大事故隐患，但没有关于消防车配置作为重大事故隐患判定条件的相关内容。

参考2 《重大火灾隐患判定方法》(GB 35181—2017)

该标准从总平面布置、防火分隔等九方面明确了直接判定和综合判定重大火灾隐患判定方法，但没有关于消防车配置作为重大火灾隐患判定条件的相关内容。

参考3 《石油化工企业设计防火标准》(GB 50160—2008，2018年版)

该标准明确了消防车配备要求，但没有关于其作为重大事故隐患判定条件。

8.2.1 大中型石油化工企业应设消防站。消防站的规模应根据石油化工企业的规模、火灾危险性、固定消防设施的设置情况，以及邻近单位消防协作条件等因素确定。

8.2.2 石油化工企业消防车辆的车型应根据被保护对象选择，以大型泡沫消防车为主，且应配备干粉或干粉 - 泡沫联用车；大型石油化工企业尚宜配备高喷车和通信指挥车。

参考4 《国务院安委会办公室 应急管理部 国务院国资委联合印发〈关于进一步加强国有大型危化企业专职消防队伍建设的意见〉》(安委办〔2023〕3号)

该文件对国有大型化工企业消防车辆配备提出了具体要求，并明确纳入企业安全考核评价指标，但没有将其作为重大事故隐患判定条件。

小结：目前，国家相关标准、规范性文件有关于化工企业消防车辆配备相关要求，但没有将其作为重大事故隐患判定条件。

问 79 请问消防水带超过5年后是否每年需要试水测试？

答：需要进行经常性检查测试，但无相关法规在时间上的要求。

参考《消防水带产品维护、更换及售后服务》（T/CPQS XF006—2023）

4.4.1.1　对消防水带产品的质量情况进行检查，并应符合下述要求：

e）水压试验检查。消防水带产品应符合 GB 6246、GB 12514.1、GB 8181 中要求进行水压试验，保压 5 分钟后，不应出现渗漏、滑脱等现象，消防水带不应出现明显的形变，不应出现逆时针方向扭转。相关配套产品应无变形、滑脱、断裂等现象。水压测试后的消防水带，重新卷绕或折叠时不应出现折痕无法恢复平整的情况。

4.4.1.3　自产品出厂检验合格之日起，消防水带最高报废年限为 6 年。消防水带产品生产者、生产企业对其出厂产品有效期有专门说明的，最高报废年限按照两者最低的年限为准。

4.4.3.1　经检查、测试不可再用或已达到最高报废年限的消防水带产品应报废。

小结：消防水带作为消防设施，必须保证完好，企业应进行经常性的检查和维护，避免充入高压消防水后出现接口脱落，带身崩裂等事件发生。

问 80　焦化厂粗苯工段的电缆是否必须采取喷涂防火涂料的措施？还有其他控制措施吗？

答：视情况而定，与电缆选型以及电缆采取的防火控制措施有关，如采用矿物绝缘类不燃性电缆时，不需要涂防火涂料。其次，电缆防火措施除了喷涂防火涂料外，还可以采用金属导管或采用封闭式金属槽盒保护等防火分隔措施、增加局部消防报警和灭火设施等。

参考1《焦化安全规程》（GB 12710—2008）

7.1.6　电缆等可燃物与热力管线等发热体应保持适当的安全距离，避免热辐射引起自燃；因故无法做到的，应采取预防措施。对易受外部影响着火的电缆密集场所或可能着火蔓延而酿成事故的电缆回路，可采取以下防火阻燃措施：

a）电缆穿过竖井、墙壁、楼板或进入电气盘、柜的孔洞处，用防火堵料密实封堵；

b）在重要的电缆沟和隧道中，按要求分段或用软质耐火材料设置阻火墙；

c）对主要回路的电缆，可单独敷设于专门的沟道中或耐火封闭槽盒内，或对其施加防火涂料、防火包带；

d）在电力电缆接头两侧及相邻电缆2～3m长的区段施加防火涂料或防火包带。

参考2 《石油化工企业设计防火标准》（GB 50160—2008，2018年版）

5.6 钢结构耐火保护要求，喷涂防火涂料增加耐火等级是针对钢构架、支架、裙座等。可以采用阻燃电缆或耐火电缆。

9.1.3A 消防配电线路应满足火灾事故时连续供电的需要，其敷设应符合下列规定：

1）不应穿越与其无关的工艺装置、系统单元和储罐组；

2）宜直埋或充砂电缆沟敷设；确需地上敷设时，应采用耐火电缆敷设在专用的电缆桥架内，且不应与可燃液体、气体管道同架敷设。

参考3 《电力工程电缆设计标准》（GB 50217—2018）

7.0.1 对电缆可能着火蔓延导致严重事故的回路，易受外部影响波及火灾的电缆密集场所，应设置适当的防火分隔，并应按工程重要性、火灾概率及其特点和经济合理等因素，采取下列安全措施：实施防火分隔；采用阻燃电缆；采用耐火电缆；增设自动报警和/或专用消防装置。

7.0.10 在油罐区、重要木结构公共建筑、高温场所等其他耐火要求高且敷设安装经济合理时，可采用矿物绝缘电缆。

参考 4 《电力设备典型消防规程》（DL 5027—2015）

10.5.1 防止电缆火灾延燃的措施应包括封、堵、涂、隔、包、水喷雾、悬挂式干粉等措施。

10.5.2 涂料、堵料应符合现行国家标准《防火封堵材料》GB23864 的有关规定，且取得型式检验认可证书，耐火极限不低于设计要求，防火涂料在涂刷时要注意稀释液的防火。

参考 5 《煤焦化粗苯加工工程设计标准》（GB/T 51325—2018）

8.2.1 粗苯加工装置宜由两回线路供电、仪表和自动控制系统应采用交流不停电装置（UPS）供电，供电设计应符合现行国家标准《供配电系统设计规范》GB 50052 的有关规定。

8.2.2 爆炸危险区域中的变配电所布置、设备选型、控制和线路的设计，应符合现行国家标准《爆炸危险环境电力装置设计规范》GB 50058 的有关规定。

参考 6 《爆炸危险环境电力装置设计规范》（GB 50058—2014）

5.4.1 爆炸性环境电缆和导线的选择应符合下列规定：在架空、桥架敷设时电缆宜采用阻燃电缆。当敷设方式采用能防止机械损伤的桥架方式时，塑料护套电缆可采用非铠装电缆，当不存在会受鼠、虫等损害情景时，在 2 区、22 区电缆沟内敷设的电缆可采用非铠装电缆。

参考 7 《建筑设计防火规范》（GB 50016—2014，2018 年版）

10.1.10 消防配电线路应满足火灾时连续供电的需要，其敷设应符合下列规定：明敷时（包括敷设在吊顶内），应穿金属导管或采用封闭式金属槽盒保护，金属导管或封闭式金属槽盒应采取防火保护措施；当采用阻燃或耐火电缆并敷设在电缆井、沟内时，可不穿金属导管或采用封闭式金属槽盒保护；当采用矿物绝缘类不燃性电缆时，可直接明敷。

小结： 视情况而定，与电缆选型以及电缆采取的防火控制措施有关，如采用矿物绝缘类不燃性电缆时，不需要涂防火涂料；电缆防火措施除了喷涂防火涂料外，还可以采用金属导管或采用封闭式金属槽盒保护等防火分隔措施、增加局部消防报警和灭火设施等。

问 81 有没有关于消防标识标线的规范？

答： 有相关规范。

现行国家标准规范及相关文件《消防安全标志设置要求》（GB 15630—1995）、《消防安全标志 第1部分：标志》（GB 13495.1—2015）、《消防安全标志牌》（XF 480—2023）、《消防救援局关于进一步明确消防车通道管理若干措施的通知》（应急消〔2019〕334号）。

部分省市发布了关于消防标识地方标准，如贵州省《建筑消防安全标识化管理规范》（DB52/T 911—2014）、重庆市《消防安全管理标识》（DB 50/T 547—2024）、《消防车道、救援场地和窗口标识设置规范》（DB4412/T 19—2022）。

小结： 消防标识标线应满足相关规范的要求。

问 82 石棉制的防火布是否还能使用？

答： 不能使用。

参考 《灭火毯》（XF 1205—2014）

5.4.1 灭火毯毯面基材应由不燃材料编织而成；灭火毯不应包含石棉等有毒、有害物质和在灭火过程中会产生对人体有毒、有害的物质。

小结：石棉制的防火布不能使用。

问 83 消防应急照明复合灯具还能用吗？

左边指向　右边指向

双向指向　安全指向

答：可以使用。

参考《消防应急照明和疏散指示系统》（GB 17945—2024）

第 3.15　消防应急照明标志复合灯具：具备应急照明和疏散指示两种功能的灯具。

小结：消防应急照明复合灯具可以使用。

问 84 建筑消防设施年度检测是哪个标准规定的？

答：相关标准参考如下：

参考 1《中华人民共和国消防法》

第十六条：（三）对建筑消防设施每年至少进行一次全面检测，确保完好有效，检测记录应当完整准确，存档备查。

参考2 《建筑消防设施的维护管理》（GB 25201—2010）

7.1.1 建筑消防设施应每年至少检测一次，检测对象包括全部系统设备、组件等。

参考3 《消防安全责任制实施办法》（国办发〔2017〕87号）

第十五条 机关、团体、企业、事业等单位应当落实消防安全主体责任，履行下列职责：（三）按照相关标准配备消防设施、器材，设置消防安全标志，定期检验维修，对建筑消防设施每年至少进行一次全面检测，确保完好有效。

参考4 《人员密集场所消防安全管理》（GB/T 40248—2021）

7.6.9 消防设施的维护、管理还应符合下列要求。f）对自动消防设施应每年进行全面检查测试，并出具检测报告。当事人在订立相关委托合同时，应依照有关规定明确各方关于消防设施维护和检查的责任。

参考5 《大型商业综合体消防安全管理规则》（XF/T 3019—2023）

6.1 大型商业综合体产权单位、使用单位应委托具备相应从业条件的消防技术服务机构定期对建筑消防设施进行维护保养和检测，每年应至少开展一次全面检测，确保消防设施完好有效，处于正常运行状态。维护保养和检测记录应完整准确，存档备查。

参考6 《机关、团体、企业、事业单位消防安全管理规定》（公安部令第61号）

第二十八条 设有自动消防设施的单位，应当按照有关规定定期对其自动消防设施进行全面检查测试，并出具检测报告，存档备查。

小结： 建筑消防设施年度检测要求参考《消防法》和《建筑消防设施的维

护管理》等法规标准。

问 85 有要求住宅设置燃气泄漏报警的规定吗？

答： 建筑高度大于 100m 的住宅应设置燃气泄漏检测报警仪，其它住宅宜设置。

参考 1 《城镇燃气设计规范（2020 修订）》（GB 50028—2006）

10.4.3　住宅厨房内宜设置排气装置和燃气浓度检测报警器。

参考 2 《燃气工程项目规范》（GB 55009—2021）

5.3.7　燃气相对密度小于 0.75 的用户燃气管道当敷设在地下室、半地下室或通风不良场所时，应设置燃气泄漏报警装置和事故通风设施。

6.1.5　高层建筑的家庭用户使用燃气时，应符合下列规定：应采用管道供气方式；建筑高度大于 100m 时，用气场所应设置燃气泄漏报警装置，并应在燃气引入管处设置紧急自动切断装置。

小结： 建筑高度大于 100m 住宅建筑，应设置燃气泄漏报警装置，其他住宅宜设置。

问 86 现行国家标准或规范是否强制要求消防重点单位（石油化工厂）必须配备消防工程师的相关条款？

答： 国家标准规范没有强制要求消防重点单位（石油化工厂）必须配备消防工程师；部分地方政府有相关文件要求“火灾高危单位”配备注册消防工程师。

国家发布的相关标准和文件中，仅建议“人员密集场所”“高层建筑”和“大型商业综合体”消防管理人具备注册消防工程师资格，没有强制要求配备。此外，部分地方政府（如安徽省、江苏省）要求“火灾高危单位”消防安全管理人员具备注册消防工程师资格。

参考1 《人员密集场所消防安全管理》(GB/T 40248—2021)

5.1.2 人员密集场所的消防安全责任人，应由该场所法人单位的法定代表人、主要负责人或者实际控制人担任。消防安全重点单位应确定消防安全管理人，其他单位消防安全责任人可以根据需要确定本场所的消防安全管理人，消防安全管理人宜具备注册消防工程师执业资格。

参考2 《高层民用建筑消防安全管理规定》(应急管理部令第〔2021〕5号)

第八条 高层公共建筑的消防安全管理人员应当具备与其职责相适应的消防安全知识和管理能力。对建筑高度超过100米的高层公共建筑，鼓励有关单位聘用相应级别的注册消防工程师或者相关工程类中级及以上专业技术职务的人员担任消防安全管理人。

参考3 《大型商业综合体消防安全管理规则（试行）》(应急消〔2019〕314号)

第十二条 消防安全管理人对消防安全责任人负责，应当具备与其职责相适应的消防安全知识和管理能力，取得注册消防工程师执业资格或者工程类中级以上专业技术职称。

小结：国家没有相关规定要求石油化工企业必须配备注册消防工程师，是否需要配备应按属地监管部门的要求执行。

第九章

应急预案

遵循科学流程，紧密结合单位实际，充分预估风险，编制实用应急预案。

——华安

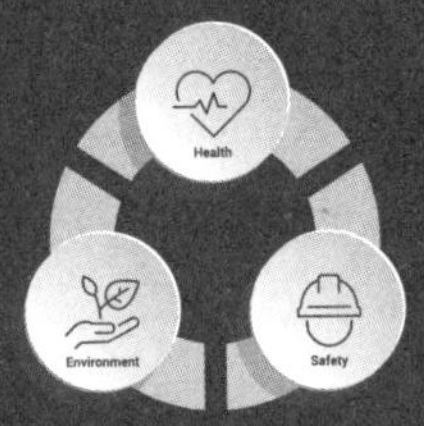

问 87 AQ/T 9002—2006 和 GB/T 29639—2020 都在执行，应依据哪个标准编制应急预案？

答： 依据《生产经营单位生产安全事故应急预案编制导则》（GB/T 29639—2020）编制应急预案。

参考 1 《行业标准管理办法》（国家市场监督管理总局令第 86 号，自 2024 年 6 月 1 日起施行）

第三条　行业标准是国务院有关行政主管部门依据其行政管理职责，对没有推荐性国家标准而又需要在全国某个行业范围内统一的技术要求所制定的标准。

第二十一条　行业标准在相应的国家标准实施后，应当由国务院有关行政主管部门自行废止。

参考 2 《中华人民共和国标准化法实施条例》

第十四条　行业标准在相应的国家标准实施后自行废止。

《生产经营单位生产安全事故应急预案编制导则》（GB/T 29639—2020）实施后，《生产经营单位安全生产事故应急预案编制导则》（AQ/T 9002—2006）应自行废止。

小结： 依据《生产经营单位生产安全事故应急预案编制导则》（GB/T 29639—2020）编制应急预案。

问 88 现场应急处置方案和应急处置卡是一回事吗？

答： 不是一回事。

规定的其定义的不同，决定使用功能作用的不同。

（1）现场应急处置方案

现场应急处置方案是应急预案体系的一部分，是生产经营单位根据不同生产安全事故类型，针对具体场所、装置或者设施所制定的应急处置措施。现场处置方案重点规范事故风险描述、应急工作职责、应急处置措施和注意事项，应体现自救互救、信息报告和先期处置的特点。相关参考依据如下：

参考1 《生产安全事故应急预案管理办法》（应急管理部令第2号）

第十五条　对于危险性较大的场所、装置或者设施，生产经营单位应当编制现场处置方案。

现场处置方案应当规定应急工作职责、应急处置措施和注意事项等内容。

参考2 《生产经营单位生产安全事故应急预案编制导则》（GB/T 29639—2020）5.4。

（2）应急处置卡

应急处置卡是生产经营单位应当在编制应急预案的基础上，针对工作场所、岗位的特点，编制简明、实用、有效的应急处置卡。

应急处置卡应当规定重点岗位、人员的应急处置程序和措施，以及相关联络人员和联系方式，便于从业人员携带。

应急处置卡是按照现场处置方案的处置程序，根据岗位人员职责进一步明确应急处置的分工内容，是岗位人员学习掌握现场处置方案应急措施和指导应急处置的工具。

事故风险单一、危险性小的生产经营单位，可只编制现场处置方案。

相关参考依据如下：

参考1 《生产安全事故应急预案管理办法》（应急管理部令第2号）第十五条。

参考2 《生产经营单位生产安全事故应急预案编制导则》(GB/T 29639—2020)5.4。

综上所述，“应急处置方案”是应急预案体系的重要组成部分，属于应急预案的范畴，是给基层组织现场用的。而“应急处置卡”是应急预案的补充或前置措施，是给重点（或关键）岗位员工用的。尽管近年来通过实施应急预案的“结构优化、内容简化、内容卡片化”工作，但卡片化的应急预案依然是预案，不应看作是岗位“应急处置卡”，两者不能混为一谈。

“应急处置方案”“应急处置卡”都是给基层现场用的，突出了第一现场、第一时间的应急处置，俗称“一案一卡”，主要强调的是基层组织的应急工作模式，由于使用对象不同、条件不同，两者是相对独立、互为支持的关系，而并非要求一个现场处置方案就要对应一个应急处置卡。

小结：不尽相同，“岗位应急处置卡”是“应急处置方案”中应急处置措施的细化和具体化。

问89 生产安全事故应急预案评审流程有新规范吗？

答：相关参考如下：

参考1 2009年原国家安全生产监督管理总局印发了《国家安全监管总局办公厅关于印发生产经营单位生产安全事故应急预案评审指南（试行）的通知》(安监总厅应急〔2009〕73号)，该文件规范了应急预案评审的程序，目前该文件依然有效，属于执行的文件。

参考2 《生产安全事故应急预案管理办法》(应急管理部令第2号)

第三章 应急预案的评审、公布和备案

第二十一条　矿山、金属冶炼企业和易燃易爆物品、危险化学品的生产、经营（带储存设施的，下同）、储存、运输企业，以及使用危险化学品达到国家规定数量的化工企业、烟花爆竹生产、批发经营企业和中型规模以上的其他生产经营单位，应当对本单位编制的应急预案进行评审，并形成书面评审纪要。前款规定以外的其他生产经营单位可以根据自身需要，对本单位编制的应急预案进行论证。

参考 3　行业规范《生产经营单位生产安全事故应急预案评估指南》（AQ/T 9011—2019）。

参考 4　直辖市和省市制定了有关应急预案评审的地方规范标准，应遵照执行，如北京市地方标准《生产经营单位生产安全事故应急预案评审规范》（DB11/T 1481—2017）。

HEALTH SAFETY
ENVIRONMENT

第十章

应急演练

模拟真实火灾场景，精心策划组织演练，检验预案效果，提升应急实战能力。

——华安

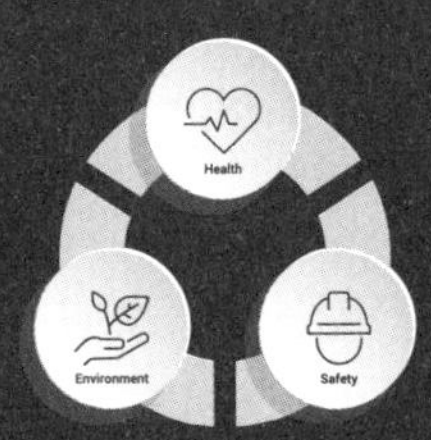

问 90 无脚本演练有哪些利弊，如何做好无脚本演练？

答： 1. 无脚本演练：即在演练过程中，没有提前编制用于具体演练操作实施的文件，演练进程和内容由参演人员根据预案自行开展的演练活动。无脚本演练利弊如下：

（1）优点

1）无脚本演练因演练时间、地点、内容等无事先通知，很大程度上模拟了应急现场真实场景。

2）无脚本演练可以更多地发掘出应急预案系统中的漏洞，可以更好地检验相关应急人员对有脚本应急演练掌握程度，暴露出应急处置过程中存在的各种不足。

3）无脚本演练更加着重于应急演练事后的总结处理及问题的整改，能够达到改进和完善应急机制、提高人员的协调能力和应急水平的目的。

（2）缺点

无脚本演练的缺点是演练者可能会因为没有脚本而无法按照规定的步骤进行演练，具体如下。

1）不可控性高：可能会出现混乱局面或意外情况，较难有效掌控整个过程。

2）风险较大：不确定性可能会导致一些风险或不良后果。

3）准备难度大：对组织者的要求较高，准备工作更为复杂和具有挑战性，从而影响演练的效果。

2. 如何做好无脚本演练

“无脚本”只是指事先不打招呼、不指定队伍、不确定时间，随即开展，但并不是随心所欲、无组织地进行。演练虽然没有脚本，但其救援过程方法在企业应急预案体系都有明确规定。因此，要从以下几方面做好无脚本演练：

（1）加强应急预案的培训

无脚本演练是进阶的演练形式，适用于已经具备一定应急准备水平的单位开展，主要目的是检验参演单位和人员对于预案、流程和方法的熟悉程度。因此，做好应急预案和人员应急处置能力的培训工作至关重要，如果参演人员对应急预案不熟悉、不具备一定应急处置能力，无法保障演练的顺利实施。

另外，在“无脚本演练”前，通过先期应急预案培训，完善应急物资储备，通过培训准备，大范围、深层次提高整体应急能力。

（2）做好准备工作

无脚本演练不是无组织的开展，企业应高度重视，做好前期各种准备工作。

首先，要组织建立专门的无脚本演练的机构，确立各部门的责任和分工。要求做好保密工作，保证在无脚本的情况下应急演练能顺利进行。

其次，要明确演练目的，制定好可操作性强演练策划方案。方案要有可控性，从大的方向把控演练过程，按轻重缓急将重点事件列表排序，利于各个人员准确有效地完成各项工作。

（3）做好演练实施总体控制

演练实施是无脚本演练的核心环节。演练主持人应实时控制演练全过程，当参演人员的响应行动与演练目的和内容出现较大偏差，甚至可能发生危险时，演练组织人员应直接进行干预或中止演练。

（4）重视无脚本演练评估工作

无脚本的演练更贴近于实战，能更真实反映出企业应急处置能力现状。企业应重视应急演练评估工作，评估小组要求对演练活动进行全程观察和记录，收集资料，评估各个环节的工作，真实反映演练发现问题。

（5）重视演练评估总结和改进工作

无脚本演练最终目的是提高企业应急处置能力，企业应针对演练情况做好总结，对存在问题制定具体、实用性的整改措施，真正起到“无脚本”演练。

（6）加强应急演练考核管理

单位应加强应急演练考核工作，完善考核机制，培养一批专业化人员，从而促进企业应急演练质量持续提升，提高无脚本应急演练效果。

小结：企业根据应急管理的实际确定是否进行无脚本演练，进行无脚本演练必须充分做好演练本身的风险辨识和控制措施的落实。

问 91 有没有必要进行夜间应急演练?

答：视情况而定。

企业应结合自身生产特点和事故风险辨识、评估情况制定应急演练计划，如果夜间安全事故风险高，有必要开展夜间应急演练。

企业在制定年度演练计划时，在保证安全前提下，可以针对性安排夜间演练。根据目前正在征求意见的行业标准《生产安全事故情景构建导则》，应急演练方案应当说明在情景开发时的一些假设条件，基于现实情况和底线思维对事故发生时间、气象条件、社会环境条件等背景条件进行假设，所以设定为夜间，是符合情景构建要求的。

另外，夜班班次的人员劳动作业具备一些白班没有的特点，如更易疲劳、照度可能不足等情况，夜间演练也更利于发现这类问题，能够及时落实针对性措施查漏补缺。

原因 1：事故不分白天黑夜，夜间应急很有必要。生产安全事故应急演练还要贴近实战，昼夜演习。之所以区分白天和夜间，根本出发点不是天气的因素，而是企业在白天和夜间的整体情况有很大的区别，比如长白班人员缺少，领导和技术骨干都是白天上班，夜班的只是倒班人员，技术力量比较薄弱，所以企业需要考验在薄弱力量下应对突发事故的能力。很多重大事故，很大一部分原因就是白班人员和夜班人员的整体技术力量和应急水平差距太大，导致事故发生、蔓延甚至扩大。

原因 2：风险评估结果是综合可能性与严重度得出的，如一些有毒气体泄漏，按照安监总厅管三〔2011〕142 号等文件，夜间的疏散距离要大得多，其严重度也要相应的提高。

小结：企业根据应急管理的实际确定是否进行夜间演练，进行夜间演练必须要充分做好演练本身的风险辨识和控制措施的落实。

问 92 现场处置方案演练的频次是多少？

具体问题：按照《生产安全事故应急预案管理办法》（应急管理部令第 2 号），现场处置方案每半年一次，是演练全部预案还是最低半年演练一次现场处置方案？

答：现场处置方案是生产经营单位根据不同事故类型，针对具体的场所、装置或设施所制定的应急处置措施，对危险性较大的场所、装置或者设施，应当编制现场处置方案。

从预案定义上可以看出，现场处置方案的执行责任主体是企业各基层管理机构（车间、队、站等），各基层管理机构，每半年至少要组织一次本属地范围内的现场处置方案演练；属地内包含重大危险源的，每半年至少进行一次重大危险源现场处置方演练；包含液化烃罐区的，至少每半年组织 1 次液化烃罐区应急演练，该演练可以是综合（或专项）预案演练、也可以进行现场处置方案演练。

参考 1《生产经营单位生产安全事故应急预案编制导则》（GB/T 29639—2020）

5.4　现场处置方案是生产经营单位根据不同事故类型，针对具体的场所、装置或设施所制定的应急处置措施，对危险性较大的场所、装置或者设施，应当编制现场处置方案。

参考2 《生产安全事故应急预案管理办法》(应急管理部令第2号)

第三十三条　生产经营单位应当制定本单位的应急预案演练计划，根据本单位的事故风险特点，每年至少组织一次综合应急预案演练或者专项应急预案演练，每半年至少组织一次现场处置方案演练。

易燃易爆物品、危险化学品等危险物品的生产、经营、储存、运输单位，矿山、金属冶炼、城市轨道交通运营、建筑施工单位，以及宾馆、商场、娱乐场所、旅游景区等人员密集场所经营单位，应当至少每半年组织一次生产安全事故应急预案演练，并将演练情况报送所在地县级以上地方人民政府负有安全生产监督管理职责的部门。

参考3 《危险化学品重大危险源监督管理暂行规定》(安监总局40号令)，规定重大危险源专项应急预案，每年至少进行一次；对重大危险源现场处置方案，每半年至少进行一次。

参考4 应急管理部《化工企业液化烃储罐区安全风险排查指南(试行)》规定，液化烃罐区至少每半年组织1次应急演练。

小结：生产经营单位应合理规划本单位的应急预案演练计划，在满足法规标准要求的同时，结合企业实际情况，制定完整的应急演练周期，在一个演练周期内，要做到预案演练全覆盖，参加人员全覆盖。

问93 应急救援演练必须有记录吗?

答：建议保留演练记录。

参考 《生产安全事故应急演练基本规范》(AQ/T 9007—2019)

7.5　演练记录演练实施过程中，安排专门人员采用文字、照片和音像手段记录演练过程。

《生产安全事故应急演练基本规范》虽然为推荐性标准，但对各类演练进行记录属于基本性要求，以作为具体实施的有效证明；对于记录手段，不必要求三种手段同时采用，至少一种记录方式即可。

小结：建议保留演练记录。记录应急演练不仅是工作的痕迹，更是预案演练评审、修订等持续改进工作过程不可缺少的资料支撑；同时也便于迎接外部检查。

HEALTH SAFETY
ENVIRONMENT

第十一章

应急队伍与物资

强化应急队伍组建、培训要点及物资储备管理，夯实应急救援人力与物力基础。

——华安

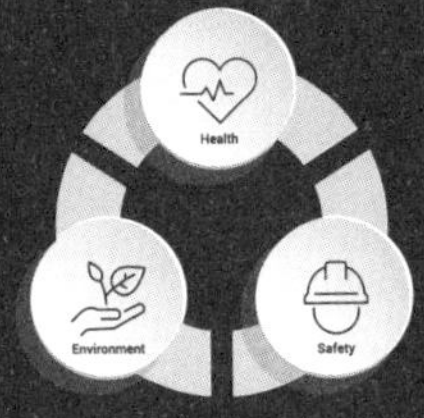

问 94 危险化学品企业没有专职消防队，只有微型消防站，消防救援是否可以依托政府的应急救援中心？

答： 需要根据具体情况确定。

企业专职消防队是由一定规模的企业建立、管理、使用，具有防火灭火技术装备、人员、处所，主要从事本单位防火灭火和应急救援工作，也承担重大灾害事故和其他以抢救人员生命为主的应急救援任务的消防队。企业专职消防队的建设要求具体参照以下标准、文件：

参考1 《中华人民共和国消防法》

第三十九条 下列单位应当建立单位专职消防队，承担本单位的火灾扑救工作：（二）生产、储存易燃易爆危险品的大型企业。

参考2 《石油化工企业设计防火标准》（GB 50160—2008，2018版）

8.2.1 大中型石油化工企业应设消防站。消防站的规模应根据石油化工企业的规模、火灾危险性、固定消防设施的设置情况，以及邻近单位消防协作条件等因素确定。

参考3 《煤化工工程设计防火标准》（GB 51428—2021）

9.6.1 大型、中型煤化工工厂应设置消防站。

参考4 《精细化工企业工程设计防火标准》（GB 51283—2020）

9.2.1 火灾危险性较大的大型精细化工企业应建立企业消防站。

参考5 《国务院安全生产委员会办公室 应急管理部国务院国有资产监督管理委员会关于进一步加强国有大型危化企业专职消防队伍建设的意见》（安委办〔2023〕3号）

（一）依法建设队伍。国有大型危化企业应根据《中华人民共和国消防法》规定和《关于规范和加强企业专职消防队伍建设的指导意见》要求，按照《危化企业消防站建设标准》，落实“应建尽建”责任。国有大型危化企业应结合企业安全发展和灭火救援实际需求，制定包括队伍规模、站点布局、业务范围、人员编制、装备配备、应急响应等内容的企业专职消防队伍发展规划，并纳入全社会消防救援力量的统筹规划。

参考 6 《危险化学品生产建设项目安全风险防控指南（试行）》（应急〔2022〕52 号）

7.3.10 消防救援及应急处置

火灾危险性较大的大中型建设项目应建立消防站及工艺处置队。

参考 7 《企业专职消防队建设和管理规范》（DB32/T 3293—2017）、《重点单位消防安全管理要求》（DB31/T 540—2022）和《专职消防队、微型消防站建设要求》（DB31/T 1330—2021）等标准。符合条件的危化品危险化学品企业才需要设立各级专职消防队。

小结： 大中型石油化工企业应设消防站。如果危险化学品企业没有达到符合建立专职消防队的条件，只有微型消防站，消防救援可以依托政府的应急救援中心。

问 95 化工园区气防站的配置依据哪个标准？

答： 化工园区建站要求，可参考《化工园区安全风险排查治理导则》（应急〔2023〕123 号）第 7.9 条款 化工园区应建设危险化学品专业应急救援队伍，根据自身安全风险类型，配套建设医疗急救场所和气防站。

化工园区气防站的配备可参考《化工园区开发建设导则》（GB/T 42078—2022）附录 D（资料性）园区公共气防站配置的设备设施，以及江苏省地方标准 DB32/T 2915—2016《化工园区（集中区）应急救援物资配备要求》等。

表 D.1 园区公共气防站配置的设备设施

序号	设备名称	配置数量
	一、防护设备	
1	移动供气装置	2台
2	移动式空气填充泵组	2台
3	大功率固定式填充泵组	1台
4	移动式充气防爆桶	4个
5	固定式充气防爆柜	1个
6	备用气瓶	1套
	二、急救设备	
1	医用氧气钢瓶和2～4接口的供氧管路	1套/辆气防车
2	便携式心肺复苏机	2台
3	综合急救箱	2箱
4	担架和被褥	2套
5	躯干和肢体的真空气囊	2套
6	急救药品	2副
7	吸引器	1套
8	自动体外除颤仪	根据情况设置
	三、检测设备	
1	便携式氧浓度检测仪	2台
2	便携式有毒、有害气体浓度检测仪	2台
3	便携式可燃性气体检测仪	2台
4	便携式有毒气体定性检测管或检测卡	2套
	四、个人防护设备	
1	气密防化服	4套
2	气密隔热服	2套
3	避火服	2套
4	正压式空气呼吸器	4套
5	他救式空气呼吸器	4套
6	防静电安全鞋	1套/人
7	防护头盔	1个/人
8	速降自锁装置	1个/人

续表

序号	设备名称	配置数量
五、通信设备		
1	事故报警实时录音录时电话	1套
2	生产调度电话	1台
3	无线防爆对讲机	3 部
4	夹持型无线防爆音频传输设备	2套
5	计算机及其外设与相应的网络系统	1套
六、其他辅助设备		
1	心肺复苏术（CPR）模拟人	1个
2	便携式风向测速仪	2台
3	呼吸空气气质检测仪	1套
4	器材维护专用工具	2套

小结： 化工园区气防站的配置可以依据《化工园区安全风险排查治理导则》应急〔2023〕123 号和《化工园区开发建设导则》（GB/T 42078—2022）执行。

问 96 气体防护站和气体防护组的设置执行什么设计标准？

具体问题： 气体防护（简称气防）站和气防组有什么区别？非石油天然气企业可参考的设计标准是什么？

答： 气防站和气防组都属于气体防护的组织形式，二者规模不一样，气防站的规模更大，人员和装备配备更多；大中型企业设置气防站，小型企业可设置气防点（气防组）。气防站和气防组设置需要遵循的一系列规范和要求，不同类型企业执行设计标准不同。石油化工企业气防站和气防组执行设计标准如下，其他企业可参照执行。

参考 1 《工业企业设计卫生标准》（GBZ 1—2010）

8.2　生产或使用剧毒或高毒物质的高风险工业企业应设置紧急救援站

或有毒气体防护站。

参考2 《气体防护站设计规范》（SY/T 6772—2009）

3.0.1 使用、产生急性毒性为极度危害、高度危害的有毒气体或形成有毒气体重大危险源的大、中型企业应设置气防站；小型企业应设置气体防护点。

参考3 《化工企业安全卫生设计规范》（HG 20571—2014）

7.3.1 大量生产、储存和使用有毒有害气体并危害人身安全的化工企业应设置气体防护站。

参考4 《石油化工企业职业安全卫生设计规范》（SH/T 3047—2021）

12.1 形成有毒气体重大危险源的大、中型石化企业应设置气体防护站，小型企业可设置气体防护点。

参考5 《化工园区开发建设导则》（GB/T 42078—2022）

6.2.3.12 园区消防站 / 气防站、应急救援指挥中心、医疗救护站等重要设施的布置，应满足应急救援的快速响应需要，其与危险化学品的生产、储运区的安全防护距离根据专项评估确定。

6.4.2.3 应急救援设施应统一规划，园区消防站和气防站可统一设置，也可依托周边具有相应救援能力的消防站和气防站。

7.15.2.2 园区公共气防站应根据实际需要配备气体防护车。车内应设有急救设施、声光报警器、现场照明和车载无线通信指挥系统等设备。园区公共气防站配置的设备设施可参考附录 D（详见【问 95】）的规定。

小结： 满足事故状态下安全施救的原则，综合考虑救援过程中事故后果大小和能够调动的应急资源，不同行业、不同规模企业依据相关规范建立气体防护站或气防组。

问 97 气体防护站人员配置有什么具体要求？

答： 视情况而定。不同行业、不同规模企业的气体防护站，对人员的配置有不同的要求。

参考 1 《气体防护站设计规范》（SY/T 6772—2009）

1.0.2　本规范适用于使用、产生有毒有害气体的陆上油气田地面工程、石油炼制和石油化工的新建、扩建、改建或技术改造的项目（以下统称建设项目）中气体防护站（以下简称气防站）的设计。

4.7　定员

4.7.1　气防站（点）的当班气防人员不得少于 4 人。气防人员必须具有初级急救员证。

4.7.2　当气防站与特勤消防站合建时，专职气防员不应少于 4 人。

参考 2 《化工企业安全卫生设计规范》（HG 20571—2014）

1.0.2　本规范适用于新建、扩建、改建的化工建设项目的安全卫生设计。

7.3.3　化工企业的气体防护站的建筑面积和定员可按照本规范表 7.3.3 配置（大型企业，建筑面积为 200～500m^2，定员 20～30 人；中型企业，建筑面积为 50～200m^2，定员 10～20 人；小型企业，建筑面积＜50m^2，定员＜10 人）。

小结： 满足事故状态下安全施救的原则，综合考虑救援过程中事故后果大小和能够调动的应急资源，不同行业、不同规模企业的气体防护站，对人员的配置可以有不同的要求。

问 98 应急处置柜的配备标准是什么？

答： 危险化学品单位依据《危险化学品单位应急救援物资配备要求》的相

关要求进行配备，其他单位可以参照执行。

参考《危险化学品单位应急救援物资配备要求》(GB 30077—2023)

4 配备原则

4.1 针对性。应急救援物资根据本单位生产工艺，危险化学品的种类、数量，危险化学品事故特征和事故风险评估结果进行配置；

4.2 配套性。应急救援物资配备确保系统配套、搭配合理、功能齐全、数量充足，满足单位员工现场应急处置和企业应急救援队伍所承担救援任务的需要；

4.3 先进适用性。优先选择性能先进、适用性强、安全耐用、轻便高效的应急救援物资，并定期对已配备物资的有效性和使用效能等方面进行检查评估，及时淘汰过期和低效能物资。

5 总体配备要求

危险化学品单位应结合单位或辖区内典型事故及其他特殊处置场景需求，选择增配应急救援物资的种类和数量以及本文件中未列出的新型装备。

小结： 企业在对事故应急资源调查的基础上，危险化学品单位依据《危险化学品单位应急救援物资配备要求》的要求进行配备，其他单位可以参照执行。

问 99 泄漏的危险化学品如何收集？都有什么收集设施？

答： 危险化学品分类不同、危险特性不同，危险化学品的泄漏收集、收集设施及处置也不同。提供一下危险化学品泄漏的处理方法供参考，具体处理处置方法可查阅相关标准。

(1) 常见危险化学品泄漏收集方法

1）围堤堵截法。

① 针对较大面积以上泄漏的危险化学品，为防止四处蔓延，造成难以控制的局面，采取先用沙土围堵，然后根据危险化学品的理化特性进行相应安全处理的办法。

② 设置防火堤：用于储罐发生泄漏时，防止易燃、可燃液体漫流和火灾蔓延的构筑物。地上储罐组应设防火堤。防火堤内的有效容量，不应小于罐组内一个最大储罐的容量。

③ 设置围堰或环沟：在开停车、检修、生产过程中可能产生含可燃、有毒、污染性液体泄漏及漫流的装置单元周围应设置围堰或环沟。

2）覆盖法。针对泄漏的易迅速形成爆炸极限范围和易挥发的有毒液体危险品，选用泡沫等物质覆盖在上面，形成覆盖层，抑制其蒸发，然后再根据其特性进行安全处理。

3）稀释法和中和法。针对泄漏的具有较强腐蚀性的危险化学品，加水稀释或用其他物质使之进行中和反应，从而降低液体危险品的浓度或直接消除其危险性。

4）吸收法。针对泄漏的液体危险品，根据其易被吸收的特性，先用蛭石或其他惰性物质进行吸收，再移至其他空旷处深埋或做其他安全处理。

5）冲洗法。对少量泄漏的危险化学品或经过用吸收法处理后的污染现场，有条件地用消防水冲泄漏现场的危险化学品，使之直接排入污水处理系统进行处理；不能排入污水处理系统的，必须用大量消防水进行冲洗，直至消除对周围环境的危害为止。

（2）泄漏物处置与收集设施

1）石油库区泄漏收集设施。库区内应设置漏油及事故污水收集系统。收集系统可由罐组防火堤、罐组周围路堤式消防车道与防火堤之间的低洼地带、雨水收集系统、漏油及事故污水收集池组成。

2）围堰或环沟。在开停车、检修、生产过程中可能产生含可燃、有毒、污染性液体泄漏及漫流的装置单元周围应设置围堰或环沟。

3）其他堵截和引流设施。如果化学品为液体，泄漏到地面上时会四处蔓延扩散，难以收集处理，为此需要筑堤堵截设施或者引流设施，引流到安全地点。

4）处置设施。对于液体泄漏，为降低物料向大气中的蒸发速度，可用泡沫或其他覆盖物品覆盖外泄的物料，在其表面形成覆盖层，抑制其蒸发，或者采用低温冷却来降低泄漏物的蒸发。

小结： 危险化学品泄漏，可以利用围堤围堰或环沟等设施进行收集或导流，根据泄漏危险化学品的性质，可采用堵截、覆盖、冲洗、稀释、中和等方法进行处理。

问100 有哪些关于呼吸防护的要求？多长时间更换一次过滤件？

答： 国家有多项标准规范对呼吸防护有相关要求；关于过滤式呼吸器滤件更换周期，没有明确时间要求，通常按以下原则考虑：一是按照产品说明书判定有效期；二是可根据使用具体情况更换过滤元件。

1. 关于呼吸防护类劳动保护用品配备相关要求

参考1 《个体防护装备配备规范　第1部分：总则》（GB 39800.1—2020）

4.3　个体防护装备的选择

应根据辨识的作业场所危害因素和危害评估结果，结合个体防护装备的防护部位、防护功能、适用范围和防护装备对作业环境和使用者的适合性，选择合适的个体防护装备。

参考 2《个体防护装备配备规范　第 2 部分：石油、化工、天然气》（GB 39800.2—2020）

5　危害因素的辨识和评估

用人单位应结合石油、化工、天然气行业安全生产的特点，按照 GB 39800.1—2020 第 4.2 条的要求对其生产过程中可能涉及的危害因素进行辨识和危害评估。用人单位可根据表 1 所列的作业类别，或参考附录 A 所列的工种进行危害因素的辨识，对所辨识的危害因素进行危害评估，以此作为选择适用个体防护装备的依据。表 1 主要的作业类别、可能造成的事故或伤害类型以及适用的个体防护装备。该表中关于呼吸器配备要求如下：

（1）易燃易爆场所作业：自给开路式压缩空气呼吸器、自吸过滤式防毒面具、自吸过滤式防颗粒物呼吸器。

（2）吸入性气相毒物作业：长管呼吸器、动力送风过滤式呼吸器、自给闭路式压缩氧气呼吸器、自给闭路式氧气逃生呼吸器、自给开路式压缩空气呼吸器、自吸过滤式防毒面具、自给开路式压缩空气逃生呼吸器。

（3）沾染性毒物作业：长管呼吸器、动力送风过滤式呼吸器、自给闭路式压缩氧气呼吸器、自给闭路式氧气逃生呼吸器、自给开路式压缩空气呼吸器、自吸过滤式防毒面具、自给开路式压缩空气逃生呼吸器。

（4）吸入性粉尘作业：接触粉尘、烟、雾等颗粒物，经呼吸道吸入对人体产生伤害的作业。

（5）有限空间作业：长管呼吸器、自给闭路式压缩氧气呼吸器、自给开路式压缩空气呼吸器。

6.3　用人单位应按照 GB/T 18664 进行呼吸防护用品的配备及管理。

参考 3《呼吸防护用品的选择、使用与维护》（GB/T 18664—2002）

5　呼吸防护用品的使用

5.1.8　当使用中感到异味、咳嗽、刺激、恶心等不适症状时，应立即离开有害环境，并应检查呼吸防护用品，确定并排除故障后方可重新进入有害环境；若无故障存在，应更换有效的过滤元件。

5.1.9　若呼吸防护用品同时使用数个过滤元件，如双过滤盒，应同时更换。

5.1.10　若新过滤元件在某种场合迅速失效，应重新评价所选过滤元件的适用性。

5.1.11　除通用部件外，在未得到呼吸防护用品生产者认可的前提下，不应将不同品牌的呼吸防护用品部件拼装或组合使用。

5.1.12　应对所有使用呼吸防护用品的人员进行定期体检，定期评价其使用呼吸防护用品的能力。评价法参见本标准附录 F。

参考 4　《工业空气呼吸器安全使用维护管理规范》（AQ/T 6110—2012）

3　管理与培训；4　使用、维修、保管与报废；5　检查与检测（5.4 定期技术检测、5.5 气瓶检验与充装）等内容。

2. 关于呼吸保护类劳动保护用品配备相关要求

关于过滤式呼吸器滤件更换周期，受过呼吸器类型、使用状况等多种因素限制，更换周期无法做统一规定，如作废标准《过滤式防毒面具通过技术条件》（GB 2890—1995）8.4.2 条　贮存期：滤毒罐为 5 年，滤毒盒为 3 年，但该标准修订为《呼吸防护 自吸过滤式防毒面具》（GB 2890—2022）版本后，删除了对有效期的规定。

滤件更换通常按以下原则考虑：一是按照产品说明书判定有效期；二是可根据具体情况更换过滤元件。

参考 5　《呼吸防护用品的选择、使用与维护》（GB/T 18664—2002）

5.4.1　防尘过滤元件的更换

防尘过滤元件的使用寿命受颗粒物浓度、使用者呼吸频率、过滤元件规格及环境条件的影响。随颗粒物在过滤元件上的富集，呼吸阻力将逐渐增加以致不能使用。当下述情况出现时，应更换过滤元件：

a）使用自吸过滤式呼吸防护用品人员感觉呼吸阻力明显增加时；

b）使用电动送风过滤式防尘呼吸防护用品人员确认电池电量正常，而送风量低于生产者规定的最低限值时；

c）使用手动送风过滤式防尘呼吸防护用品人员感觉送风阻力明显增加时。

5.4.2　防毒过滤元件的更换

防毒过滤元件的使用寿命受空气污染物种类及其浓度、使用者呼吸频率、环境温度和湿度条件等因素影响。一般按照下述方法确定防毒过滤元件的更换时间：

a）当使用者感觉空气污染物味道或刺激性时，应立即更换；

注：利用空气污染物气味或刺激性判断过滤元件失效具有局限性（参见本标准附录 C）。

b）对于常规作业，建议根据经验、实验数据或其他客观方法，确定过滤元件更换时间表，定期更换；

c）每次使用后记录使用时间，帮助确定更换时间；

d）普通有机气体过滤元件对低沸点有机化合物的使用寿命通常会缩短，每次使用后应及时更换；对于其他有机化合物的防护，若两次使用时间相隔数日或数周，重新使用时也应考虑更换。

小结：关于呼吸保护要求的相关规范众多，如上述引用。过滤式呼吸防护的过滤件更换周期，可根据使用具体情况更换过滤元件或按照产品说明书确定的使用周期更换。

问 101 滤毒罐有效期 5 年、出厂重量超过 15g 后报废，是依据什么标准？

答： 滤毒罐（盒）有效期的要求最早出自《过滤式防毒面具通过技术条件》（GB 2890—1995）版本中第 8.4.2 条规定：贮存期，滤毒罐为 5 年，滤毒盒为 3 年。

规范修订为《呼吸防护　自吸过滤式防毒面具》（GB 2890—2022）后，要求包装上给出储存寿命，但删除了对有效期的规定。

因不同类型、防护等级的滤毒罐在不同的介质浓度下防护时间有所差别，建议企业根据滤毒罐自带的使用说明书来正确使用滤毒罐。根据《呼吸防护用品的选择、使用与维护》（GB/T 18664—2002）等相关规定，防毒过滤元件的使用寿命受空气污染物种类及其浓度、使用者呼吸频率、环境温度和湿度条件等因素影响。一般按照下述方法确定防毒过滤元件的更换时间：

（1）未开封的滤毒罐保质期一般为 5 年（具体参考使用说明书），初次使用时如已超过保质期切勿使用。

（2）普通有机气体滤毒罐对低沸点有机化合物的使用寿命通常会缩短，每次使用后应及时更换；对于其他有机化合物的防护，若两次使用时间相隔数日或数周，重新使用时也应考虑更换。

（3）当使用者感觉空气污染物味道或刺激性时，应立即更换。

（4）对于常规作业，建议企业根据经验、实验数据或其他客观方法，确定滤毒罐的更换时间，定期更换。

（5）对于非常规作业，建议每次记录使用浓度、使用时长、使用日期等，以此粗略估计滤毒罐的使用寿命剩余量。

（6）长时间放置的滤毒罐再次使用前，应称重，重量超过其初始重量的 10% 时，应立即更换。

小结：《过滤式防毒面具通过技术条件》（GB 2890—1995）版规定贮存期，滤毒罐为 5 年，滤毒盒为 3 年。该规范修订为《呼吸防护 自吸过滤式防毒面具》GB 2890—2022 版本，要求包装上给出储存寿命，但删除了对有效期的规定。实际工作中依产品说明书和实际使用情况进行更换。

问 102 工业用空气呼吸器每年对背板等进行一次定期技术检测，是否为强制规定？

答：不是强制规定。相关参考如下：

参考 1《工业空气呼吸器安全使用维护管理规范》（AQ/T 6110—2012）

第 5.4.1 条　使用单位应制定年度空气呼吸器定期技术检测计划并组织实施，在用空气呼吸器定期技术检测为每年一次，该标准为行业推荐性标准，非强制性检测条款，因此建议定期技术检测。

参考 2《气瓶安全技术规程》（TSG 23—2021）

9.3　定期检验周期

气瓶（车用气瓶除外）的首次定期检验日期应当从气瓶制造日期起计算，车用气瓶的首次定期检验日期应当从气瓶使用登记日期起计算，但制造日期与使用登记日期的间隔不得超过 1 个定期检验周期。

呼吸器用复合气瓶检验周期 3 年。

参考 3《呼吸器用复合气瓶定期检验与评定》（GB 24161—2009）

本标准的全部技术内容为强制性。

4.2　检验周期

4.2.1　复合气瓶的定期检验周期一般每三年检验一次。

4.2.2 在使用过程中，若发现复合气瓶有严重腐蚀、损伤或对其安全可靠性有怀疑时，应提前进行检验。

4.2.3 库存或停用时间超过一个检验周期的复合气瓶，启用前应进行检验。

小结：呼吸器用复合气瓶每 3 年检验 1 次。

问 103 对紧急疏散集合点有什么要求？对指示标志有没有什么规定？

答：紧急疏散集合点的要求包括明确标识、合理选择位置、足够的容量、安全设施、便于指挥与救援等。

（1）明确标识

紧急疏散集合点应明确标识，以便人们在紧急情况下能够迅速找到。标识上用大字标明“紧急疏散集合点”。标识的位置应在人员容易看到的地方，如楼梯口、出入口等处。同时，标识应保持干净、完整，不得被遮挡，以确保人们能够清晰地认识。

（2）合理选择位置

紧急疏散集合点的位置应选择在离危险区域足够远的地方，确保人员在疏散过程中不会再次受到威胁。同时，集合点应位于开阔地带或宽敞的场所，以便人员聚集和组织疏散。

（3）足够的容量

紧急疏散集合点的容量应与场所内人员数量相适应，确保能够容纳所有人员。在计算容量时，应考虑到人员聚集的时间和持续时间，以及可能的人员增加。集合点的容量应根据实际情况进行评估，并根据需要进行调整。同时，集合点的大小应合理规划，确保人员有足够的空间站立、休息和等候。

（4）安全设施

紧急疏散集合点应配备必要的安全设施，以确保人员在集合点内的安全。例如，集合点应有足够的照明设备，以便在夜间或低能见度条件下人员能够清晰辨认。此外，还可设置必要防护设施，如栏杆、护栏等，以确保人员不会误闯危险区域。在一些特殊场所，如化工厂等，还应配备灭火器等应急设备，以应对可能的火灾等危险情况。

（5）便于指挥与救援

紧急疏散集合点应便于指挥与救援。在集合点附近应设置指挥中心或指挥岗位，由专业人士对疏散过程进行指挥和协调同时，集合点应与救援通道相连通，以确保救援人员能够迅速抵达集合点，对人员进行救援和安全检查。

参考《图形符号安全色和安全标志 第5部分：安全标志使用原则与要求》（GB/T 2893.5—2020）中的标准图示。实际应用中，下列标志均可采用：

小结：按照《图形符号安全色和安全标志 第5部分：安全标志使用原则与要求》（GB/T 2893.5—2020）中的标准图示紧急疏散集合点的要求包括明确标识、合理选择位置、足够的容量、安全设施、便于指挥与救援等。

问104 关于消防沙箱配备有哪些规范？防汛方面有没有相关规定要求配备沙箱？

答： 消防沙箱配备的地方有加油站，化工厂，油料仓库，电力、粮食储存等场所。

参考1 《汽车加油加气加氢站技术标准》(GB 50156—2021)

12.1.1 加油加气加氢站工艺设备应配置灭火器材，应符合下列规定：

6 一、二级加油站应配置灭火毯5块、沙子2m³；三级加油站应配置灭火毯不少于2块、沙子2m³。加油加气合建站应按同级别的加油站配置灭火毯和沙子。

参考2 《石油库设计规范》(GB 50074—2014)

2.4.2 灭火器材配置应符合现行国家标准《建筑灭火器配置设计规范》GB 50140的有关规定，并应符合下列规定：

3 石油库主要场所灭火毯、灭火沙配置数量不应少于表12.4.2的规定，如罐组配备量不少于2m³、可燃和易燃液体泵站不少于2m³、汽车罐车装卸场地不少于2m³等。

参考3 《石油化工消防设施维护保养技术标准》(SH/T 3218—2022)

12.3 消防砂

消防用砂宜为干燥细黄砂，应每季度进行一次检查，应保持足量和干燥，消防砂箱、砂桶和消防铲红色涂层应保持完好，周围不得堆放其他物件，砂箱表面应有明显标识。

参考4 《电业安全工作规程 第1部分热力和机械》(GB 26164.1—2010)

3.2.18 生产厂房及仓库应备有必要的消防设施和消防防护装备，如：

消防栓、水带、灭火器、砂箱、石棉布和其他消防工具以及正压式消防空气呼吸器等。

参考5 《仓储场所消防安全管理通则》(XF 1131—2014)

14.10 露天囤、露天堆垛和罩棚等临时储粮场所应设置灭火器、储水桶、砂箱等消防器材。

参考6 《电力设备典型消防规程》(DL 5027—2015)

14.3.5 油浸式变压器、油浸式电抗器、油罐区、油泵房、油处理室、特种材料库、柴油发电机、磨煤机、给煤机、送风机、引风机和电除尘等处应设置消防砂箱或砂桶，内装干燥细黄砂。消防砂箱容积为1.0m³，并配置消防铲，每处3～5把，消防砂桶应装满干燥黄砂。消防砂箱、砂桶和消防铲均应为大红色，砂箱的上部应有白色的“消防砂箱”字样，箱门正中应有白色的“火警119”字样，箱体侧面应标注使用说明。消防砂箱的放置位置应与带电设备保持足够的安全距离。《电力设备典型消防规程》(DL 5027—2015) 附录G典型工程现场灭火器和黄砂配置要求进行配置消防沙箱。

防汛物资配备关于沙箱的配备要求，可参考《防汛物资储备定额编制规程》(SL 298—2004)

2.1.2 防汛物资储备品种：抢险物料中有砂石料、块石等。

其验收标准可以参考《防汛储备物资验收标准》(SL 297—2004)

3.8 防汛砂料的要求。

如果消防沙池配置在锂电金属、活泼性金属、三乙基铝等场所，要求沙池必须有防雨措施，保证消防沙干燥。

参考7 《石油化工企业设计防火标准》(GB 50160—2008，2018版)

8.11.6 烷基铝类催化剂配制区的消防设计应符合下列规定：

4 应配置干砂等灭火设施。

小结：沙子可以作为液体火灾的灭火剂和液体围堵材料，适合作为应急物资配置在存在液体火灾（消防物质）和需要液体围堵（防汛物资）覆盖的场所，具体可以根据行业特点按照相关规范标准设置。消防沙箱配备的地方有加油站，化工厂，油料仓库，电力、粮食储存等场所。

问 105 事故应急池里的雨水，用潜水泵抽排，潜水泵是否需要防爆？事故应急池是否要按防爆区设计？

具体问题：设计图上，爆炸危险区域包括了事故应急池，这是因为发生事故时，事故废水含有易燃液体。但是非事故状态时，下雨天的雨水会进入应急池，必须用潜水泵及时抽空，此时应急池里的雨水没有易燃物质，是否需要使用防爆潜水泵?

答：正常情况下事故应急池是空的，没有释放源，火灾危险性按丙类设计，应急事故池不需要按防爆区来设计。如果设计图上爆炸危险区域包括了事故应急池，建议与设计院沟通，参考标准规范重新辨识，修改设计图纸。

雨水排放是指只有雨水（COD ≤ 40，COD 指化学需氧量）的情况，为非事故状态，事故应急池没有易燃气体释放源，为非爆炸危险区，抽排应急池中雨水的潜水泵不需要防爆。

事故应急池里废水来源包括罐区、车间和仓库泄漏的物料，以及火灾时消防废水、雨水等，事故状态下泄漏的物料或者消防废水进入应急池，需按甲类火灾危险性做好运行管理，此时需使用防爆电气（包括潜水泵）。

下雨时，如果有泄漏物料混入雨水，那不能作为雨水排放的，有机物混入雨水，COD 肯定超标，要作为废水管理，这不属于提问的抽排雨水。

此种情况，所用的电气设备需要防爆。

参考1 《化工建设项目环境保护工程设计标准》（GB/T 50483—2019）

6.6.3　事故废水中含有甲类、乙类、丙类物质时，火灾类别按丙类设计，事故状况下应按甲类运行管理。

参考2 《爆炸危险环境电力装置设计规范》（GB 50058—2014）

3.2.2　符合下列条件之一时，可划为非爆炸危险区域：

1）没有释放源且不可能有可燃物质侵入的区域；

2）可燃物质可能出现的最高浓度不超过爆炸下限值的10%；

3）在生产过程中使用明火的设备附近，或炽热部件的表面温度超过区域内可燃物质引燃温度的设备附近；

4）在生产装置区外，露天或开敞设置的输送可燃物质的架空管道地带，但其阀门处按具体情况确定。

参考3 《石油化工雨水监控及事故排水储存设施设计规范》（SH/T 3224—2024）

8.1　含有甲$_B$、乙$_A$类可燃液体的雨水监控池、事故排水储存池的爆炸危险区域划分应满足本规范附录A的规定，爆炸危险区域内的电气设施设计应符合GB 50058的规定。

8.2　输送含甲$_B$、乙$_A$类可燃液体的水泵机组露天布置或布置在泵棚内时，水泵机组及其周围1m范围的用电设备应选用防爆型；输送含甲$_B$、乙$_A$类可燃液体的水泵机组布置在泵房内时，泵房内所有用电设备应选用防爆型。

8.3　储存含甲$_B$、乙$_A$类可燃液体的事故排水储存罐的爆炸危险区域划分和电气设施设计，应按GB 50058中可燃液体储罐的爆炸危险区域划分和电气设施设计执行。

小结：事故应急池在没有事故和盛装过事故废水只有雨水的情况下可以使用潜水泵进行临时抽水；设计中事故应急池划分为爆炸危险区是基于事故应急水池的功能作用和使用时场景考虑。企业的事故收集池收集的是事故状态下生产、使用或储存的危险有害物质，如存在挥发性可燃有害物质，按照防爆区进行电气设计，既能满足最极端工况要求，同时也减少使用临时非防爆电气的安全风险和管理成本。

问106 急救箱里必须配备救心丸吗？

答：不是必须配备。

参考《工业企业设计卫生标准》（GBZ 1—2010）

急救箱配备内容应根据企业规模、职业病危害性质、接触人数等实际需求，参照表A.4急救箱配置参考清单确定。

表A.4中没有救心丸。

小结：不是必须配备，从以人为本和健康安全至上的原则出发建议配备。

问107 中央控制室要求配备应急救援物品吗？

具体问题：《危险化学品单位应急救援物资配备要求》（GB 30077—2023）是否适用于中央控制室？

答：适用，但需要参照使用。

参考《危险化学品单位应急救援物资配备要求》（GB 30077—2023）

仅对作业场所（可能使作业人员接触危险化学品的任何作业活动场所）

和企业应急救援队伍的应急救援物资配备原则、总体配备要求，对中央控制室应急物资的配备没有明确要求，但中央控制室可以参照这些原则和总体要求进行配备，结合企业具体情况参照执行。

（1）在危险化学品单位作业场所，应急救援物资应存放在应急救援器材专用柜、应急站或指定地点，若企业的中央控制室相关人员承担了应急救援的职责，则应参照《个体防护装备配备规范　第1部分：总则》（GB 39800.1—2020）、《工业空气呼吸器安全使用维护管理规范》（AQ/T 6110—2012）配备相应的个体劳动防护用品并存放在中央控制室内。

（2）若企业设有气体灭火系统且气防控制室设在中央控制室内，则还应在中央控制室配备空气呼吸器或氧气呼吸器，专供消防控制室操作人员使用。

小结：应结合中央控制室相关人员承担的应急救援职责，配备个体劳动防护用品和其他应急救援物资。

问108　仓库洗眼器必须设置在室外吗？

答：没有强制要求。设置洗眼器的相关标准汇总如下：

参考1《石油化工企业职业安全卫生设计规范》（SH/T 3047—2021）

11.5.2　紧急冲淋器或洗眼器的位置应满足在事故状况下使用人员能在10s内到达，且距相关设备不超过15m。紧急冲淋器或洗眼器应与危险操作地点处于同一平面，中间不应有障碍物。

参考2《化工企业安全卫生设计规范》（HG 20571—2014）

5.1.6　在液体毒性危害严重的作业场所，应设计洗眼器、淋洗器等安全防护措施，淋洗器、洗眼器的服务半径应不大于15m。

参考3 《石油化工紧急冲淋系统设计规范》(SH/T 3205—2019)

4.9 紧急冲淋器和洗眼器的设置位置，应满足事故状况下使用人员能在10s内到达，且距相关场所设备不超过15m。危害源与紧急冲淋器和洗眼器之间的通道上不应有障碍物，当有围堰等障碍物时，则高度不得超过0.15m。

4.13 危险化学品仓库中存放有害物质时，应在库房出入口和主要通道等处设置紧急冲淋器和洗眼器。

参考4 《石油化工企业职业安全卫生设计规范》(SH/T 3047—2021)

11.5.1 生产过程中有可能接触到刺激性毒物、高腐蚀性物质或易经皮肤吸收毒物的场所应设置紧急冲淋器及洗眼器。紧急冲淋系统的设计应符合SH/T 3205的规定。

11.5.2 紧急冲淋器或洗眼器的位置应满足在事故状况下使用人员能在10s内到达，且距相关设备不超过15m。紧急冲淋器或洗眼器应与危险操作地点处于同一平面，中间不应有障碍物。

参考5 《眼面部防护 应急喷淋和洗眼设备 第2部分：使用指南》(GB/T 38144.2—2019)

5.2.1 应急喷淋和洗眼设备宜安装在作业人员10s内能够达到的区域内，并与可能发生危险的区域处于同一平面上。

5.2.2 安装人员需考虑在前往应急喷淋和洗眼设备的路线中存在的潜在危险可能会带来更大的伤害。门在一般情况下可视为障碍物。但在没有腐蚀的危险区域，当门的开启方向与到达应急喷淋和洗眼设备的方向一致且门未上锁时，此门可以保留。

参考6 《腐蚀性商品储存养护技术条件》(GB 17915—2013)

4.3.3 应在库区设置洗眼器等应急处置设施。

参考7 《涂装作业安全规程 涂漆工艺安全及其通风净化》

（GB 6514—2023）

4.1.6　在存放或使用毒性危害严重或具有化学灼伤液体的作业场所应设置洗眼器和淋洗器，洗眼器、淋洗器的服务半径不大于15m，并设置符合GB 2894规定的安全标志。

参考8 《工作场所防止职业中毒卫生工程防护措施规范》（GBZ/T 194—2007）

5.2.2　生产过程中可能发生化学性灼伤及经皮肤吸收引起急性中毒事故的工作场所，应设置清洁供水设施和喷淋装置，对有溅入眼内引起化学系眼炎或灼伤的工作场所，应设喷淋、洗眼的设备。

小结：洗眼器安装位置主要考虑因素是快速和便捷使用，在北方，安装在室外的洗眼器还需采用防冻措施，如设置电伴热、设置专用板房等。

问109　涉及甲醇的作业场所是否应设置洗眼器？

答：涉及甲醇的作业场所应设置洗眼器。

甲醇是我国重点监管的危险化学品，属于有毒液体，可引起失明、死亡。依据《危险化学品分类信息表》，甲醇的危险性类别为：易燃液体，类别2；急性毒性-经口，类别3*；急性毒性-经皮，类别3*；急性毒性-吸入，类别3*；特异性靶器官毒性——一次接触，类别1。依据《石油化工企业职业安全卫生设计规范》要求，涉及甲醇作业场所应设置洗眼器。工信部办公厅2015年发布的《车用甲醇燃料加注站建设规范》（工信厅节〔2015〕129号）4.9　甲醇燃料加注站应设置洗眼器，配备护目镜、耐腐蚀手套等安全应急防护装具。其他参考依据详见问108。

小结：涉及甲醇作业场所应设计洗眼器，设置位置应满足在事故状况下使用人员能在10s内到达，且距相关设备不超过15m。

问 110 便携式气体检测报警器配备及具体要求执行什么标准?

答: 石油化工企业便携式检测报警器配备和执行标准包括《石油化工可燃气体和有毒气体检测报警设计标准》(GB/T 50493—2019)、《危险化学品单位应急救援物资配备要求》(GB 30077—2023)、《爆炸性环境用气体探测器 第2部分: 可燃气体和氧气探测器的选型、安装、使用和维护》(GB/T 20936.2—2017)等标准。

参考1 《石油化工可燃气体和有毒气体检测报警设计标准》(GB/T 50493—2019)

3.0.6 需要设置可燃气体、有毒气体探测器的场所, 宜采用固定式探测器; 需要临时检测可燃气体、有毒气体的场所, 宜配备移动式气体探测器。

3.0.7 进入爆炸性气体环境或有毒气体环境的现场工作人员, 应配备便携式可燃气体和(或)有毒气体探测器。进入环境同时存在爆炸性气体和有毒气体时, 便携式可燃气体和有毒气体探测器可采用多传感器类型。

参考2 《危险化学品单位应急救援物资配备要求》(GB 30077—2023)

6 作业场所配备要求

在危险化学品单位作业场所, 应急救援物资应存放在应急救援器材专用柜、应急站或指定地点。作业场所应急物资配备应符合表1的要求(检测气体浓度, 根据作业场所有毒有害气体的种类确定, 配备技术性能符合GB 12358要求的气体浓度检测仪2台)。

参考3 《爆炸性环境用气体探测器 第2部分: 可燃气体和氧气探测器的选型、安装、使用和维护》(GB/T 20936.2—2024)

9 便携式和移动式可燃气体探测器的使用

9.1 概述

9.2　便携式和移动式仪表的初始检查和定期检查程序

9.3　便携式和移动式探测器使用指南

小结： 进入爆炸性气体环境或有毒气体环境的现场工作人员，应配备便携式可燃气体和（或）有毒气体探测器。进入环境同时存在爆炸性气体和有毒气体时，便携式可燃气体和有毒气体探测器可采用多传感器类型。

HEALTH SAFETY
ENVIRONMENT

第十二章 应急处置

抓住初期关键救援时机，依照规范流程，综合施策，高效处置，减少损失。

——华安

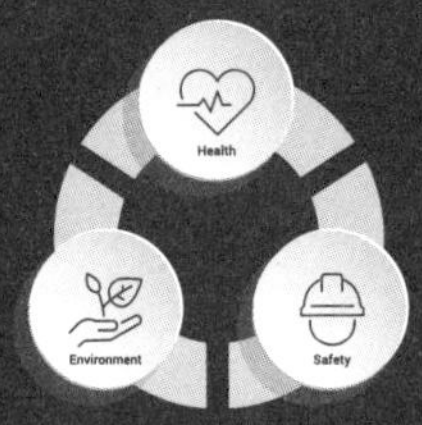

问 111 如用水直接冲击泄漏物（源）会有什么严重后果？

具体问题： 很多气体的安全技术说明书中，泄漏应急处置都会提到：禁止用水直接冲击泄漏物或泄漏源。这样做会有什么严重后果？

答： 首先，用水直接冲击泄漏源可能会导致物料飞溅、影响面积扩大、发生物性变化继而造成次生灾害、加速泄漏量等结果，具体需要根据物质的物性进行个性化分析。

其次，某些物质跟水反应或者溶解在水里以后，物性会有变化，且由于储罐内物料较多，可能会造成更大危险。比如氟化氢、无水氟化氢不腐蚀碳钢，但是溶于水形成氢氟酸后对碳钢腐蚀严重；还比如氯气溶于水的同时，能与水发生可逆反应，生成盐酸和次氯酸，均有腐蚀性，次氯酸还具有强氧化性，次氯酸见光易分解，生成氯化氢气体和氧气；盐酸易挥发，会造成空气污染、腐蚀建构筑物和设备、对人体造成伤害。

最后，液化类气体泄漏气化通常传热的方式是罐体与大气（空气）热交换，但是空气的热导率是很低的，λ=0.0259W/(m·K)（20℃），如果给罐体喷水，水的热导率很大，λ=0.599W/(m·K)（20℃），此时会导致蒸发速率加大，反而加速泄漏。

液态乙烯泄漏时会在泄漏处吸热结冰，形成有效封堵。如果用水直接冲击，会破坏冰层的密封层，造成扩散加剧。

小结： 用消防水直接冲击泄漏物会造成泄漏物的飞溅产生次生事故，与水反应的物质会形成新的危险源，液化的气体或液化烃会因为常温的消防水加速液态物质的升温挥发，加速扩散。

问 112 乙烯、乙烷的泄漏应急处理措施中，禁止用水直接冲击泄漏物或泄漏源的原因是什么？

答： 液态的乙烯、乙烷泄漏时，液化烃汽化吸热，会使泄漏部位冷却水结冰，减少泄漏量；如果用水直接冲击泄漏物或泄漏源会破坏冷却水结冰过程。同时常温的消防水会加速液态介质升温挥发，从而造成更快速的扩散。

小结：乙烯、乙烷的泄漏应急处理措施，禁止用水直接冲击泄漏物或泄漏源的原因，常温的消防水会加速液态介质升温挥发，从而造成更快速的扩散。

问 113 液氯贮槽厂房内、液氯钢瓶充装场所、储存场所严禁设计水（或碱等液体）喷淋系统。可以用什么介质？

具体问题：团体标准《烧碱装置安全设计标准》（T/HGJ 10600—2019）第 4.6.6 条、4.6.9 条要求，液氯贮槽厂房内、液氯钢瓶充装场所、储存场所严禁设计水（或碱等液体）喷淋系统。如果不用水，可以用什么介质？

答：可在厂房外面设置碱淋装置或在门窗外设置碱幕墙（建议浓度为 3%～5%）。

涉及液氯生产和储存场所不能设置水或含水的碱液喷淋系统，原因是氯气溶于水反应生成盐酸（HCl）和次氯酸（HClO），一方面盐酸具有腐蚀性、次氯酸具有强氧化性；另一方面，这个反应也是可逆反应，会再生产氯气。此外，液氯泄漏时，周围环境温度急剧下降，地面产生积冰等现象，使氯气泄漏速度减慢。如果此时启动碱喷淋，虽然可中和泄漏的氯气，但同时会使环境温度上升，加快氯气泄漏速度。因此，综合考虑不推荐在厂房和储存场所内设置碱喷淋装置。

参考 1　中国氯碱工业协会发布的《关于氯气安全设施和应急技术的补充指导意见》（（2012）协字第 012 号）

液氯生产或储存场所泄漏时，如果外界供给热量，液氯泄漏气化将继续进行。而通常给热的方式是罐体与大气（空气）热交换，但是空气的导热系数是很低的，λ=0.0259W/(m·K)(20℃)，此时液氯气化速率较低；如果给罐体喷水，水的导热系数很大，λ=0.599W/(m·K)(20℃)，此时液氯蒸发速率加大（注：不同文献给出的导热系数值有些差别）。所以，在液氯泄漏时应禁止直接向罐体喷水，在液氯贮槽密闭厂房内不宜设置喷淋装置，可在厂房外设置水或低浓度碱液（建议浓度为3%～5%）幕墙。设置碱喷淋装置或水幕墙的地面，应具备回收沟、池（回用水应进行控制），防止发生污染事件。

参考2 根据应急管理部高危细分领域中《关于印发液氯（氯气）和氯乙烯生产企业以及过氧化企业安全风险隐患排查指南（试行）的函》文件，以及TCCASC 1003—2021《氯碱生产氯气安全设施通用技术要求》第4.4.7条，厂房内严禁配备水（或碱液）喷淋系统，可在厂房外窗、门等不密闭区域配备水（或碱液）喷淋系统。

小结：生产或储存场所液氯泄漏时，周围环境温度急剧下降，地面产生积冰等现象，使氯气泄漏速度减慢。如果此时内启动场所内设置的水（或碱等液体）喷淋，虽然可中和泄漏的氯气，但同时会使环境温度上升，加快氯气泄漏速度。因此，综合考虑不推荐在生产或储存场所内设置碱喷淋装置，在厂房外面设置碱淋装置或在门窗外设置碱幕墙（建议浓度为3%～5%）。

问114 液氯钢瓶库需加碱喷淋吗？还有哪些应急措施要求？

答：液氯钢瓶库库内严禁喷淋；可参照《液氯使用安全技术要求》(AQ 3014—2008)、《液氯生产安全技术规范》(HG/T 30025—2018)、《液氯泄漏的处理处置方法》(HG/T 4684—2014)、《氯碱生产氯气安全设施通用技术要求》(TCCASC 1003—2021)、《烧碱装置安全设计标准》(T/HGJ 10600—2019)、《关于氯气安全设施和应急技术的指导意见》(中国氯碱工业协会

〔2010〕协字第 070 号）等有关规定设置应急装备和制定应急措施。

参考 1《烧碱装置安全设计标准》（T/HGJ 10600—2019）

4.6.9　液氯钢瓶充装场所，应设置移动式非金属软管吸风口和封闭处置室。处置室应设置固定吸风口将泄漏的氯气输送至废氯气吸收系统。液氯钢瓶充装、储存场所，严禁设计水（或碱等液体）喷淋系统或碱液中和池。

参考 2《关于氯气安全设施和应急技术的指导意见》（中国氯碱工业协会 2010 协字第 070 号）

第一条　液氯贮槽安全技术要求中的第四点事故液氯捕集：在液氯贮槽周围地面，设置地沟和事故池，地沟与事故池贯通并加盖栅板，事故池容积应足够；液氯贮槽泄漏时禁止直接向罐体喷淋水，可以在厂房、罐区围堰外围设置雾状水喷淋装置，喷淋水中可以适当加烧碱溶液，最大限度洗消氯气对空气的污染。

参考 3《氯碱生产氯气安全设施通用技术要求》（TCCASC 1003—2021）

4.6.2　液氯钢瓶的储存 液氯钢瓶充装工艺中的空瓶卸车接收、整瓶、充装、复称以及重瓶储存区和装车区实行一体化全过程吊装运行流水线，无法分隔为独立单元，不应作区域密闭化要求。但应设置钢瓶泄漏的应急处理设施，如移动式负压软管、移动式负压罩、钢瓶负压处置房及相对应的氯气吸收装置和配置适用的堵漏器等两种或两种以上安全设施，并应符合以下要求：

a）应急用移动式负压软管的长度能够延伸到所有可能发生泄漏的部位。

b）不应使用碱池中和处置法。

c）液氯钢瓶储存泄漏的最大风险在于瓶阀，应有针对性地配备瓶阀泄漏处置工具。

d）至少配备三套重型防化服，供救援人员快速进行堵漏等。堵漏作业至少两人作业，一人监护。空气呼吸器宜配备对讲功能。

参考 4 《氯碱生产氯气安全设施通用技术要求》（TCCASC 1003—2021）

4.6.2 针对液氯钢瓶的储存，没有提出要求加碱喷淋。

参考 5 《液氯使用安全技术要求》（AQ 3014—2008）

第 8 条 液氯使用过程中的泄漏应急处理：

8.1 液氯气瓶泄漏时，不应向瓶体喷水，抢修人员在戴好防护用品保证安全的前提下，应立即转动气瓶，使泄漏部位朝上，位于氯的气相空间。

8.2 瓶阀密封填料函泄漏时，应查压紧螺帽是否松动或拧紧压紧螺帽；瓶阀出口泄漏时，应查瓶阀是否关紧或关紧瓶阀，或用铜六角螺帽封闭瓶阀口。

8.3 瓶体泄漏点为孔洞时，可使用堵漏器材（如竹签、木塞、止漏器等）处理，并注意对堵漏器材紧固，防止脱落。处理无效时，应迅速将泄漏气瓶浸没于备有足够体积的烧碱或石灰水溶液吸收池进行无害化处理，并控制吸收液温度不高于 45 ℃，pH 不小于 7，防止吸收液失效分解。

参考 6 《液氯泄漏的处理处置方法》（HG/T 4684—2014）

第 6 条泄漏时的紧急措施有：6.1 报警；6.2 防护、隔离区的设置；6.3 个体防护；6.4 泄漏源的控制：切源、堵漏、转移。

第 7 条、第 8 条的泄漏现场的处理、处置方法。

参考 7 《关于淘汰落后工艺技术“未设置密闭及自动吸收系统的液氯储存仓库”实施整改的指导意见》（2021）协字第 001 号

全国液氯生产单位的液氯钢瓶储存，由于特定的生产工艺流程设计，设置了空瓶接收、整瓶、充装、复称、重瓶储存区和装车区一体化，全过程吊装运行流水线，无法分隔为独立单元。且普遍使用标准的一吨氯钢瓶，一旦发生泄漏与大容积液氯储罐相比风险较小，易于处置。因此，此类情况可不采用密闭化，但必须设置钢瓶泄漏的应急处置设施（装置），如：移动式真空软管、移动式真空罩、钢瓶真空处置房包括相对应的氯气吸收装置及配置适用的堵漏器具等两种或两种以上的安全设施。

参考 8 《山东省液氯储存装置及其配套设施安全改造和液氯泄漏应急处置指南（试行）》

第二条 实施液氯泄漏时的密闭措施，7. 液氯装卸区、气化区和钢瓶区必须设置紧急密闭设施或者措施，包括移动式或固定式密封设施、措施，如带有吸风罩的移动软管（软管的长度应能延伸到所有可能发生泄漏的部位），当发生液氯泄漏时，能够迅速将泄漏点或者泄漏区域密封，通过吸风装置将氯气吸入事故氯气吸收处理装置，防止氯气扩散。

小结： 液氯钢瓶充装、储存场所，不建议设计水（或碱等液体）喷淋系统或碱液中和池，液氯泄漏可以采用密闭吸收系统进行处置。

问 115 苯乙烯储罐罐根法兰处发生泄漏，如使用堵漏剂的话，应该选用哪种呢？

答： 首先，储罐罐根法兰泄漏是不是能带压进行注剂密封必须要经过科学研判，根据介质物性、泄漏部位情况，具体分析，进行风险评估，要有具体的方案。其次，每个厂家的注剂品牌、型号都不一样，注剂的选择要根据 GB/T 26556《承压设备带压密封剂技术条件》结合实际选用。

在使用堵漏剂进行堵漏时，需要注意以下几点：

1. 确保自身安全：佩戴适当的防护装备，如防毒面具、防护服、手套等。

2. 切断泄漏源：在进行堵漏之前，应尽可能切断泄漏源，以减少泄漏量。

3. 按照堵漏剂的使用说明进行操作：不同的堵漏剂可能有不同的使用方法和注意事项，应严格按照产品说明进行操作。

4. 寻求专业帮助：如果泄漏情况较为严重或自己无法处理，应立即寻求专业的救援和处理。

此外，对于苯乙烯泄漏的处理，还需要注意环境保护和安全防护等方面的问题。在处理过程中，应避免泄漏物进入下水道、河流等环境中，以免对环境造成污染。同时，要注意防火、防爆等安全问题，确保处理过程的安全。

问 116 一甲胺储罐上方未设泄漏应急喷淋系统，如何完善可降低风险？

答：一甲胺属于首批公布的重点监管的危险化学品，属于极易燃气体（爆炸极限 4.9%～20.7%），具有强刺激性和腐蚀性，可致严重灼伤甚至死亡。

一甲胺理化特性为易溶于水，储罐上方设置泄漏应急喷淋系统目的就是利用水雾和水幕把泄漏的一甲胺气体用水吸收溶解，防止气体扩散，避免火灾爆炸和中毒伤亡事故发生。

参考《国家安全监管总局办公厅关于印发首批重点监管的危险化学品安全措施和应急处置原则的通知》（安监总厅管三〔2011〕142 号）

相关要求，采取以下措施降低风险：

1. 安全培训

操作人员必须经过专门培训，严格遵守操作规程。熟练掌握操作技能，具备一甲胺应急处置知识。

2. 作业安全措施

① 现场作业，必须穿防静电工作服，戴橡胶手套。

② 工作现场禁止吸烟、进食和饮水。

③ 禁止使用易产生火花的机械设备和工具。

④ 空气中超标时，必须佩戴自吸过滤式防毒面具（全面罩），紧急事态抢救或撤离时，建议佩戴氧气呼吸器或正压自给式空气呼吸器。

3. 存储环境安全措施：

① 储存于阴凉、通风的储罐；远离火种、热源；储罐温度不宜超过30℃；保持容器密封。

② 储罐等压力容器和设备应设置安全阀、压力表、温度计，并应装有带压力、温度远传记录和报警功能的安全装置。避免与氧化剂、酸类、卤素接触。

③ 储存场所应设置泄漏检测报警仪，使用防爆型的通风系统和设备，配备两套防护服。

④ 采用防爆型照明、通风设施。

⑤ 储存区应备有泄漏应急处理设备。

⑥ 生产、储存区域应设置安全警示标志。

4. 泄漏应急处置措施：

① 消除所有点火源。

② 根据气体的影响区域划定警戒区，无关人员从侧风、上风向撤离至安全区。

③ 建议应急处理人员戴正压自给式空气呼吸器，穿防静电、防腐、防毒服。

④ 作业时使用的所有设备应接地。

⑤ 禁止接触或跨越泄漏物。

⑥ 尽可能切断泄漏源。喷雾状水抑制蒸气或改变蒸气云流向，避免水流接触泄漏物。禁止用水直接冲击泄漏物或泄漏源。构筑围堤或挖坑收容

液体泄漏物。用石灰粉吸收大量液体。用硫酸氢钠（$NaHSO_4$）中和。

5. 灭火措施：切断气源。若不能切断气源，则不允许熄灭泄漏处的火焰。喷水冷却容器，尽可能将容器从火场移至空旷处。灭火剂：雾状水、抗溶性泡沫、干粉、二氧化碳。

除了以上安全管理方面的措施外，还可以考虑以下工程技术方面的措施：

（1）最佳方案为在条件允许时，在储罐上增设应急喷淋系统；

（2）如条件不允许增设喷淋系统，则在储罐周边方向增设固定式消防水炮，应急情况下用水炮喷射雾状水抑制泄漏扩散。

小结：可以从技术、安全培训、作业管理、个体劳动防护用品、应急处置等安全管理和工程技术方面采取降低风险的措施。

问 117 关于紧急冷却水系统的水源控制要求，可以手动还是必须自动？

答：视情况而定。由于该问题没有明确限制条件，紧急冷却水系统可以有多种解读；对于危险化工工艺，紧急冷却水系统的水源控制应具备自远程自动控制功能。

石油化工涉及工艺专业多，企业规模大小也不同，该问题没有明确前置条件，目前，我国发布标准规范及相关文件，对紧急冷却水系统水源控制方面没有统一规定。但重点监管危险化工工艺采用自动控制理由如下：

1. 紧急冷却设施应具备远程操作功能，有足够的冷量和备用动力源。现场实际情况大多是联锁自动。

2. 看失去冷却水的后果严重性。最苛刻的比如煤气化反应，压力 PALL 或 FALL 触发大联锁；另外还有高压氮保压的事故激冷水水罐。确保安全停车；如果 PST 工艺安全时间非常短，出故障到事故发生时间非常短，那就要设置 SIS；另外激冷水泵考虑进 EPS 事故电源，或者考虑高压氮保压的激冷水罐。

3. 基于反应风险和工艺安全时间，LOPA 保护层设计，如果 BPCS 已经安装，可能需要设置 SIS，SIL 级别由风险大小决定。

4. 对于重点监管的危险化工工艺里要求的紧急冷却系统，很多危险工艺的重点监控工艺参数、安全控制的基本要求、宜采用的控制方式中都涵盖紧急冷却系统，这与正常循环冷却系统属于不同系统。紧急冷却系统对冷却水源、动力系统、连锁等可靠性要求更高。

参考 1 《化工企业安全卫生设计规范》（HG 20571—2014）

3.3.3　具有危险和有害因素的生产过程，应合理地采用机械化、自动化技术，实现遥控、隔离操作。

3.3.4　具有危险和有害因素的生产过程，应设置监测仪器、仪表，并设计必要的报警、联锁及紧急停车系统。

参考 2 《石油化工企业职业安全卫生设计规范》（SH/T 3047—2021）

7.1.1.4　当工艺参数超出正常范围可能产生较高风险时，工艺系统应设置相应的自动控制、报警、安全联锁等保护措施。

参考 3 国家安全监管总局《关于公布首批重点监管的危险化工工艺目录的通知》（安监总管三〔2009〕116 号）

附件 2《首批重点监管的危险化工工艺安全控制要求、重点监控参数及推荐的控制方案》

参考 4 国家安全监管总局《关于公布第二批重点监管危险化工工艺目录和调整首批重点监管危险化工工艺中部分典型工艺的通知》（安监总管三〔2013〕3 号）

附件 2《第二批重点监管危险化工工艺重点监控参数、安全控制基本要

求及推荐的控制方案》

小结： 化工工艺的生产装置自动化控制，能提升化工生产装置本质安全水平，对于危险化工工艺，紧急冷却水系统的水源控制应具备自远程自动连锁功能。

问118 事故池按火灾危险片丙类设计，事故状态下按火灾危险片甲类运行管理措施有哪些？

答： 首先，化工建设项目应急事故池设计应符合 GB/T 50483—2019 等规定。

参考1 《化工建设项目环境保护工程设计标准》(GB/T 50483—2019)

6.6.3 应急事故水池设计应符合下列规定：

(1) 水池容积应根据事故物料泄漏量、消防废水量、进入应急事故水池的降雨量等因素确定；

(2) 宜采取地下式；

(3) 应采取防渗、防腐、防洪、抗震等措施；

(4) 事故废水中含有甲类、乙类、丙类物质时，火灾类别按丙类设计，事故状态下应按甲类运行管理；

(5) 当事故期间事故废水必须转输时，转输泵及其备用泵的电源应按一级负荷确定；当不能满足一级负荷要求时，应设双动力源。备用泵配置应与消防供水泵相一致。

参考2 《石油化工雨水监控及事故排水储存设施设计规范》(SH/T 3224—2024)

6 事故排水储存设施

6.1 一般规定

6.1.1 石油化工工程应设置事故排水储存设施。

6.1.2 酸性水、碱渣、酸碱、液氨、液氯、苯等高腐蚀、高环境风险物质不应进入全厂事故排水系统。

6.1.3 事故排水储存设施不应设直接通往厂外水体的管（渠）道。

6.1.4 事故排水收集宜采用重力流收集方式；应采取措施防止收集分区内的事故排水流入其他分区。

6.1.5 事故排水储存设施之间宜互相联通。

6.1.6 应根据事故排水污染物种类和特性确定后续处理措施。

其次，事故应急池在满足容积的前提下，某些特殊行业建设时还需考虑其他方面的要求。例如石化行业管理措施如下:

(1) 事故应急池建设时需根据实际情况采取防渗、防腐、防冻等措施;

(2) 池内设置必要抽水设施（应满足防爆要求），并与污水管线连接；装置防静电设计应符合国家现行标准《防止静电事故通用导则》(GB 12158) 和《化工企业静电接地设计规程》(HG/T 20675) 的规定；配套设施的防雷设计应符合现行国家标准《建筑物防雷设计规范》(GB 50057) 和《石油化工装置防雷设计规范》(GB 50650) 等的有关规定。

(3) 事故应急池需建设必要的导液管（沟），使得事故废水能顺利流入应急池内，应急池位置及导液沟距离明火地点应满足《石油化工企业设计防火标准》(GB 50160—2008，2018 年版) 的相关要求。

(4) 事故应急池一般宜采取地下式，以利于收集废水防止漫流，而对于容积较大的事故应急池也可采用半地下式或地上式，但与其相关的用电设备的电源需满足《供配电系统设计规范》(GB 50052—2009) 所规定的一级负荷供电要求（当线路发生故障停电时，供电系统仍保证连续供电，即双电源供电)，确保事故废水能全部泵入事故应急池。

(5) 事故应急池配置的仪表、电气设备满足气装置应符合现行国家标准《爆炸危险环境电力装置设计规范》（GB 50058）的规定。

（6）现场所配置应急器材，可参照《危险化学品单位应急救援物资配备要求》（GB 30077—2023）的规定执行。

小结： 事故池在事故状态下按甲类运行管理措施有可以从技术、安全培训、作业管理、个体劳动防护用品、应急处置等方面采取降低风险的措施。

问 119 MSDS 中应急措施有催吐或严禁催吐，请问摄入什么物质可以催吐？摄入什么物质严禁催吐？

答： 视情况而定。一般情况下，对于误食酸、碱类化学品的，不能催吐洗胃，会加重胃黏膜的损伤。另外有消化道出血的患者，不可催吐，会加重出血，甚至可能出现出血性的休克。

（1）中毒患者不能催吐。中毒患者不能催吐的可能原因：毒物吸收过快，毒物种类、毒物状态、患者身体状况不明等。由于中毒情况复杂，为避免不当处理加重病情或影响毒物排出，不建议在没有专业指导的情况下进行催吐。

（2）催吐的禁忌症有：①强酸、强碱中毒；②汽油、煤油等中毒，催吐时易引起吸入性肺炎；③没有呕吐反射能力的人；④昏迷惊厥患者；⑤阿片类、抗惊厥类、三环类抗抑郁药中毒，引起抑制呕吐中枢而不能达到催吐目的；⑥易致惊厥的药物，催吐可诱发惊厥；⑦严重心脏病、食管静脉曲张、动脉瘤、溃疡等患者不宜催吐；⑧孕妇慎用。

（3）通常情况下，催吐治疗是指通过口服或其他方式导致胃内容物排出体外，以减轻中毒症状。对于某些药物中毒，如巴比妥类药物中毒、有机磷中毒等，不建议进行催吐治疗。

1）巴比妥类药物中毒：巴比妥类药物中毒是一种常见的中毒，常见于司可林等。巴比妥类药物中毒主要是由于过量使用或长期滥用所致。在临床上，一般使用洗胃治疗，即通过口服或其他方式导致胃内容物排出体外。

2）有机磷中毒：有机磷中毒是一种特殊的中毒，其特点为毒性较大，病情较急，临床上主要表现为恶心、呕吐、腹痛、腹泻等症状。有机磷中毒患者不宜进行催吐治疗，以免导致毒素进一步吸收，加重病情。

3）高血压危象：高血压危象是指血压急剧升高，同时伴有心、脑、肾等重要器官的功能不全的情况。如果患者进行催吐治疗，可能会导致血压进一步升高，从而诱发高血压危象。

除此之外，癫痫患者也不宜进行催吐治疗。催吐治疗需要在医生的指导下进行，避免自行盲目操作，以免引起不良后果。

（4）绝对不要催吐的五大摄入物：1）酸性和碱性清洁剂；2）电池；3）洗涤剂；4）碳氢化合物；5）抗抑郁药。

小结：对摄入有毒有害物质进行是否进行催吐，建议按照MSDS应急措施对催吐物质有明确说明的可以进行按照说明进行催吐，没有明确具体物质的建议咨询专业医生或及时送医救治。

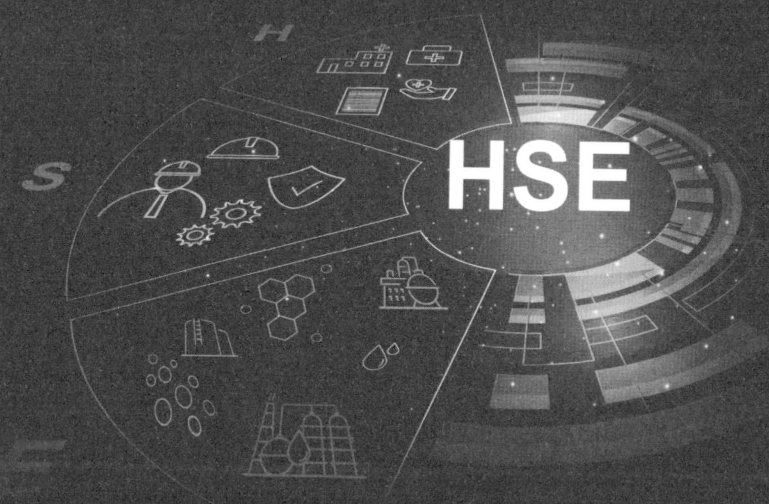

HEALTH SAFETY
ENVIRONMENT

附录

主要参考的法律法规及标准清单

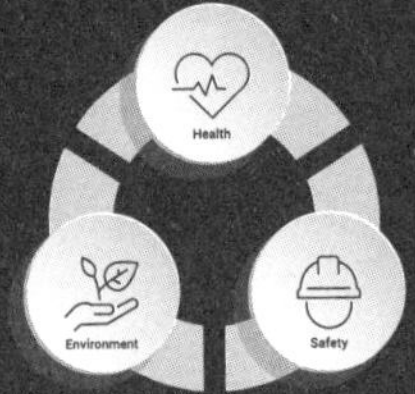

一、技术标准

1.《消防设施通用规范》（GB 55036—2022）

2.《建筑防火通用规范》（GB 55037—2022）

3.《建筑设计防火规范》（GB 50016—2014，2018 版）

4.《石油化工企业设计防火标准》（GB 50160—2008，2018 版）

5.《煤化工工程设计防火标准》（GB 51428—2021）

6.《精细化工企业工程设计防火标准》（GB 51283—2020）

7.《石油库设计规范》（GB 50074—2014）

8.《石油储备库设计规范》（GB 50737—2011）

9.《石油天然气工程设计防火规范》（GB 50183—2004）

10.《有色金属工程设计防火规范》（GB 50630—2010）

11.《城镇燃气设计规范（2020 修订）》（GB 50028—2006）

12.《工业建筑防腐蚀设计标准》（GB 50046—2018）

13.《冶炼烟气制酸工艺设计规范》（GB 50880—2013）

14.《冷库设计标准》（GB 50072—2021）

15.《加油加气加氢站技术标准》（GB 50156—2021）

16.《建筑内部装修设计防火规范》（GB 50222—2017）

17.《城市消防站设计规范》（GB 51054—2014）

18.《建筑机电工程抗震设计规范》（GB 50981—2014）

19.《钢铁冶金企业设计防火标准》（GB 50414—2018）

20.《建筑灭火器配置设计规范》（GB 50140—2005）

21.《建筑灭火器配置验收及检查规范》（GB 50444—2008）

22.《火灾自动报警系统设计规范》（GB 50116—2013）

23.《自动喷水灭火系统设计规范》（GB 50084—2017）

24.《自动喷水灭火系统施工及验收规范》（GB 50261—2017）

25.《消防给水及消火栓系统技术规范》（GB 50974—2014）

26.《泡沫灭火系统技术标准》（GB 50151—2021）

27.《油气化工码头设计防火规范》（JTS 158—2019）

28.《电力工程电缆设计标准》（GB 50217—2018）

29.《供配电系统设计规范》（GB 50052—2009）

30.《民用建筑电气设计标准》（GB 51348—2019）

31.《电气装置安装工程接地装置施工及验收规范》（GB 50169—2016）

32.《电气装置安装工程低压电器施工及验收规范》（GB 50254—2014）

33.《电业安全工作规程　第 1 部分：热力和机械》（GB 26164.1—2010）

34.《燃气工程项目规范》（GB 55009—2021）

35.《消防应急照明和疏散指示系统》（GB 17945—2024）

36.《建筑防烟排烟系统技术标准》（GB 51251—2017）

37.《消防控制室通用技术要求》（ GB 25506—2010）

38.《建筑消防设施的维护管理》（GB 25201—2010）

39.《消防安全标志设置要求》（GB 15630—1995）

40.《消防安全标志　第 1 部分：标志》（GB 13495.1—2015）

41.《重大火灾隐患判定方法》（GB 35181—2017）

42.《危险化学品仓库储存通则》（GB 15603—2022）

43.《消防泵》（GB 6245—2006）

44.《泡沫灭火剂》（GB 15308—2006）

45.《A 类泡沫灭火剂》（GB 27897—2011）

46.《防火封堵材料》（GB 23864—2023）

47.《危险货物品名表》（GB 12268—2012）

48.《危险化学品单位应急救援物资配备要求》（GB 30077—2023）

49.《个体防护装备配备规范　第 1 部分：总则》（GB 39800.1—2020）

50.《个体防护装备配备规范　第 2 部分：石油、化工、天然气》（GB

39800.2—2020）

51.《爆炸危险环境电力装置设计规范》（GB 50058—2014）

52.《石油化工可燃气体和有毒气体检测报警设计标准》（GB/T 50493—2019）

53.《化工建设项目环境保护工程设计标准》（GB/T 50483—2019）

54.《煤焦化粗苯加工工程设计标准》（GB/T 51325—2018）

55.《爆炸性环境用气体探测器　第 2 部分：可燃气体和氧气探测器的选型、安装、使用和维护》（GB/T 20936.2—2024）

56.《人员密集场所消防安全管理》（GB/T 40248—2021）

57.《生产经营单位生产安全事故应急预案编制导则》（GB/T 29639—2020）

58.《工业车辆　使用、操作与维护安全规范》（GB/T 36507—2023）

59.《化工园区开发建设导则》（GB/T 42078—2022）

60.《呼吸防护用品的选择、使用与维护》（GB/T 18664—2002）

61.《呼吸防护　自吸过滤式防毒面具》（GB 2890—2022）

62.《眼面部防护　应急喷淋和洗眼设备　第 2 部分：使用指南》（GB/T 38144.2—2019）

63.《工业过氧化氢》（GB/T 1616—2014）

64.《图形符号安全色和安全标志　第 5 部分：安全标志使用原则与要求》（GB/T 2893.5—2020）

65.《气瓶安全技术规程》（TSG 23—2021）

66.《科研建筑设计标准》（JGJ 91—2019）

67.《工业企业设计卫生标准》（GBZ1—2010）

68.《液氯使用安全技术要求》（AQ 3014—2008）

69.《工业空气呼吸器安全使用维护管理规范》（AQ/T 6110—2012）

70.《生产经营单位生产安全事故应急预案评估指南》（AQ/T 9011—

2019）

71.《生产安全事故应急演练基本规范》（AQ/T 9007—2019）

72.《住宿与生产储存经营合用场所消防安全技术要求》（XF 703—2007）

73.《大型商业综合体消防安全管理规则》（XF/T 3019—2023）

74.《仓储场所消防安全管理通则》（XF 1131—2014）

75.《消防安全标志牌》（XF 480—2023）

76.《灭火毯》（XF 1205—2014）

77.《石油化工消防泵站设计规范》（SH/T 3219—2022）

78.《石油化工储运系统罐区设计规范》（SH/T 3007—2014）

79.《石油化工控制室设计规范》（SH/T 3006—2024）

80.《化工企业安全卫生设计规范》（HG 20571—2014）

81.《石油化工消防设施维护保养技术标准》（SH/T 3218—2022）

82.《石油化工企业职业安全卫生设计规范》（SH/T 3047—2021）

83.《气体防护站设计规范》（SY/T 6772—2009）

84.《易燃和可燃液体防火规范》（SY/T 6344—2017）

85.《化学化工实验室安全管理规范》（T/CCSAS 005—2019）

86.《氯碱生产氯气安全设施通用技术要求》（T/CCASC 1003—2021）

87.《烧碱装置安全设计标准》（T/HGJ 10600—2019）

88.《消防水带产品维护、更换及售后服务》（T/CPQS XF006—2023）

89.《检测和校准实验室能力认可准则》（CNAS-CL01）

90.《煤矿用高倍数泡沫灭火剂通用技术条件》（MT/T 695—1997）

91.《防汛物资储备定额编制规程》（SL 298—2004）

92.《防汛储备物资验收标准》（SL 297—2004）

二、法律法规及规范性文件

93.《中华人民共和国消防法》（中华人民共和国主席令〔2021〕第81号修改）

94.《中华人民共和国标准化法》（中华人民共和国主席令〔2017〕第78号）

95.《机关、团体、企业、事业单位消防安全管理规定》（中华人民共和国公安部令〔2001〕61号）

96.《生产安全事故应急预案管理办法》（中华人民共和国应急管理部令第2号）

97.《高层民用建筑消防安全管理规定》（中华人民共和国应急管理部令第〔2021〕5号）

98.《行业标准管理办法》（中华人民共和国市场监管总局令86号）

99.《国家安全监管总局办公厅关于印发生产经营单位生产安全事故应急预案评审指南（试行）的通知》（安监总厅应急〔2009〕73号）

100.《车用甲醇燃料加注站建设规范》（工信厅节〔2015〕129号）

101.《建设工程消防设计审查验收管理暂行规定》（住房和城乡建设部令〔2023〕58号）

102.《消防安全责任制实施办法》（国办发〔2017〕87号）

103.《化工和危险化学品生产经营单位重大生产安全事故隐患判定标准（试行）》（安监总管三〔2017〕121号）

104.《消防救援局关于进一步明确消防车通道管理若干措施的通知》（应急消〔2019〕334号）

105.《国务院安委会办公室关于开展“防风险保平安迎大庆”消防安全执法检查专项行动的通知》（安委办〔2019〕7号）

106.《市场监管总局应急管理部关于取消部分消防产品强制性认证的公

告》（公告〔2019〕36 号）

107.《大型商业综合体消防安全管理规则（试行）》（应急消〔2019〕314 号）

108.《关于进一步加强国有大型危化企业专职消防队伍建设的意见》（安委办〔2023〕3 号）

109.《关于氯气安全设施和应急技术的指导意见》（中国氯碱工业协会 2010 协字第 070 号）

110.《关于氯气安全设施和应急技术的补充指导意见》（中国氯碱工业协会发布的（2012）协字第 012 号）

111.《化工园区安全风险排查治理导则》（应急〔2023〕123 号）

112.《关于印发中国石化易燃和可燃液体常压储罐区整改指导意见（试行）的通知》（中国石化安非【2018】477 号）

113.《危险化学品目录（2015 版）》（2022 年应急部等十部委令调整）

114.《危险化学品目录（2015 版）实施指南（试行）》

115.《危险化学品安全技术全书 . 通用卷》（第三版）（化学工业出版社，2016）

116.《关于贯彻实施国家职业技能标准〈消防设施操作员〉的通知》（应急消〔2019〕154 号）